DIOSES CON PIES DE BARRO

DRAKONTOS

Director:
JOSÉ MANUEL SÁNCHEZ RON

DIOSES CON PIES DE BARRO

El desafío humano a las leyes de la naturaleza
... y sus consecuencias

Jordi Serrallonga

CRÍTICA
BARCELONA

Primera edición: noviembre de 2020

Dioses con pies de barro. El desafío humano a las leyes de la naturaleza... y sus consecuencias
Jordi Serrallonga

Av. Diagonal, 662-664, 08034 Barcelona (España)
Crítica es un sello editorial de Editorial Planeta, S. A.

editorial@ed-critica.es
www.ed-critica.es

ISBN: 978-84-9199-254-7
Depósito legal: B. 15.979-2020
2020. Impreso y encuadernado en España por Huertas Industria Gráficas, S. A.

El papel utilizado para la impresión de este libro está calificado como papel ecológico y procede de bosques gestionados de manera sostenible.

A la tribu mitocondrial de los Atset:
abuela,
madre, tía, tío,
hermana y hermano.

Capítulo 1

Rebelión animal

Virus y animales invisibles

A mediados de marzo de 2020, con el inicio del confinamiento al que nos abocó la pandemia del coronavirus, las redes sociales pronto se hicieron eco de una especie de rebelión con tintes orwellianos. Una invasión animal que parecía apoderarse de las calles de nuestros pueblos o ciudades, pero también de jardines, parques y playas. Al igual que los animales de Orwell inician su revolución expulsando a los humanos de la granja, sin mediar previo aviso, multitud de especies salvajes —muchas de ellas maltratadas por el *Homo sapiens*— ocuparon el espacio que, en esa carrera que llamamos progreso, les habíamos arrebatado. El responsable, otra entidad biológica, microscópica, invisible al ojo humano, que no anunció su presencia: un virus.

Hordas de jabalís, con nocturnidad y alevosía, se hicieron amos del centro de varias urbes, y grupos de delfines nadaban donde escasas semanas antes todavía proliferaban embarcaciones deportivas y barcos de gran tonelaje. Por supuesto que también abundaron falsas noticias, fotografías y vídeos, pero, aun así, estaba claro que la rebelión de miles de criaturas dibujó una metáfora visual imborrable: el confinamiento humano se traducía en libertad animal. Aquellas criaturas que, temerosas de la humanidad, permanecían ocultas en la invisibilidad, se hicieron cada vez más visibles: desde los pájaros silvestres, cuyo canto empezó a entonar una banda sonora que para muchos resultaba desconocida, hasta el puma que vieron deambular por la jungla de asfalto en Santiago de Chile.

El reino perdido del puma

El puma. De expedición por el desierto de Atacama, en Chile, y el sur de Bolivia siempre busco vestigios de uno de los animales invisibles más majestuosos del planeta. Aunque es protagonista principal de diversas publicaciones y documentales especializados —gracias a la paciente labor de fotógrafos, realizadores y guías locales—, cerca de los lugares poblados, se trata de un felino escurridizo. Le va la vida en ello. El conflicto entre el puma y el humano viene de lejos. Los ganaderos ponen todo su empeño en la protección de sus rebaños de llamas y alpacas, y, como en las películas donde cuadrillas de aldeanos siempre marchan a la captura del hombre lobo, se aplicaron en dar caza al depredador.

Pasó el tiempo y el número de pumas descendió hasta cifras alarmantes. Solo le quedaba una escapatoria: hacerse invisible. Amparado en la noche, y gracias a su extraordinaria visión crepuscular, el *Kay Pacha* hoy abandona las montañas para, como un furtivo, esquivar disparos, trampas y perros guardianes; desesperado, atemorizado, busca algún camélido domesticado cerca de haciendas y poblados. Otrora, en la época de los incas, ostentó un trato de privilegio: fue el protector del mundo terrenal. Así, durante el *Tawantinsuyu*, cuando el Imperio inca se extendió por algunos de los territorios que hoy pertenecen a Perú, Ecuador, Bolivia, Chile, Argentina y Colombia, la cosmogonía andina vivía cercana a los animales. La tierra estaba dividida en tres niveles. Un mundo superior, o de las divinidades, representado por el cóndor *Hanan Pacha*. El ya citado mundo terrenal, o de los vivos, *Kay Pacha*; con el puma como estandarte. Y el mundo inferior, o de los muertos, *Uku Pacha*; donde la serpiente era el símbolo.

El puma de los incas, sinónimo de paciencia y sabiduría, unos días antes de la llegada del coronavirus a Sudamérica era tan solo un fantasma. En los valles encontré sus heces, y carcasas de las presas abatidas. Pero imposible sorprenderle. Ni tan siquiera los moradores de las fincas agrícolas, o los pastores, podían darme datos, pues tan solo daban con las huellas dibujadas en el fino sedimento arrastrado por los vientos de altura. En el desierto de Atacama, la médica de una amiga había visto uno en la carretera mientras circulaba con el «carro», pero desapareció como el rayo. Y en la zona del Tunupa —un volcán que protege las vastas extensiones del gran salar de Uyuni—, el pastor que me acompañaba por las faldas plagadas de restos arqueológicos confesó haber cometido una tontería; la misma que suele repetirse en varios puntos del *Tawantinsuyu* contemporáneo: quemar la vegetación endémica de las faldas de la montaña con el objeto de hacer huir al espectro de cuatro patas. En efecto, frustrado por no poder capturar al invisible nocturno que mataba a sus preciadas llamas, pensó que el fuego pondría fin al saqueo. Y sí, el incendio consiguió ahuyentar al puma, pero, en paralelo, incineró un patrimonio natural de extraordinario valor. Paradojas de la vida, la mala idea también acabó con su ganado. Asustadas, las llamas corrieron hacia unos muros de piedra, y allí quedaron arrinconadas hasta perecer asfixiadas y carbonizadas.

Los que crean que la naturaleza es un ente consciente, podrían pensar que mi cicerone en el volcán Tunupa había recibido un castigo merecido. Pero, aunque admirada y musa de infinitas reflexiones, los científicos consideramos a la naturaleza un sujeto de estudio, incapaz de tomar decisiones tan antrópicas como el hecho de clamar venganza. Es más, ¿acaso el pastor era el verdadero culpable? Desde instituciones y organizaciones afincadas a miles de kilómetros, en medio de las comodidades de la vida urbanita, es fácil señalar y acusar con el dedo al más débil, al que intenta sobrevivir en un medio plagado de dificultades; y nos olvidamos de una visión más amplia que nos permitiría entender por qué ocurren las cosas. Por ejemplo, asentamientos humanos cada vez más poblados e intensas actividades industriales como la minería, en manos de corporaciones extranjeras, han hecho que la fauna salvaje que el puma cazaba haya prácticamente desaparecido: vicuñas, guanacos o ñandúes marcharon hacia otros territorios, y el desesperado felino se vio obligado a cambiar de hábitos. Cuando las culturas precolombinas florecieron en América, había preferido no atentar contra los intereses económicos de aquellos extraños primates bípedos: había sustento para todos. Un pacto no escrito que hubo de romper... vinieron otros humanos que se hicieron con sus dominios en el mundo terrenal.

He seguido buscando al puma en medio de parajes maravillosos. Y también huye de mi presencia. Escuchas historias parecidas en cualquier comunidad rural de la región. Ataca a los animales estabulados y a las aves de corral cuando está oscuro... nadie consigue distinguirlo, salvo encuentros fortuitos. Por lo tanto, ¿quién iba a vaticinar que daríamos con él en San Cristóbal? Procedente del norte de Chile, el vagabundeo naturalista y arqueológico por el altiplano boliviano me condujo hasta una pequeña población famosa por su iglesia, y su curiosa historia. En efecto, la fundación original de San Cristóbal data de finales del siglo XVI, pero a diecisiete kilómetros del punto donde se haya ubicada en la actualidad. Una prospección minera, en la década de los noventa, descubrió que el subsuelo estaba repleto de filones de plata y la empresa responsable de la explotación pagó el traslado de todo el pueblo... incluida la iglesia. A semejanza del antiguo templo de Abu Simbel, en Egipto, fue desmontada, transportada piedra a piedra y remontada. Y es que en San Cristóbal conviven las creencias. Se siguen celebrando, entre otros muchos ritos paganos, las fiestas dedicadas a *Inti* (el Sol) y a la *Pachamama* (la Madre Tierra). Lejos de su vertiente espiritual, esto otorga a muchas culturas indígenas americanas una gran concienciación acerca de la naturaleza; quizá más próxima y real a la manifestada por la sociedad industrializada actual. La misma que, manteniendo a salvo sus propios intereses, adopta el papel de árbitro mundial en el momento de decidir qué se hace bien o mal con el medio que nos rodea. Y, efectivamente, aunque es muy mediático utilizar como chivo expiatorio a los aldeanos que, con una vida sin lujos y en un medio hostil, se ceban en el puma, también debemos incluir a las multinacionales de capital europeo, norteamericano o asiático que actúan a mayor escala. ¿Algo irremediable? ¿Forma parte de nuestra evolución como especie?

Lo cierto es que, en una sociedad globalizada como la actual, nadie prescinde de su teléfono móvil, tableta electrónica, medio de transporte o confort. En un caso u otro, ya sea el pastor que quema la vegetación o la mina que modifica y contamina para siempre el paisaje, el puma es víctima del humano y su relación con el medio.

Encuentros inesperados

Arribamos a San Cristóbal a la hora del almuerzo... no se veía a nadie en la avenida principal que atraviesa el pueblo de nueva planta. El viento golpeaba duro y la radiación solar era intensa, por lo que buscamos cobijo en una pequeña posada. La propietaria y su familia pronto nos ofrecieron hospitalidad. Antes, en el patio donde estaban los aperos agrícolas, me quedé observando a los hijos e hijas de la mujer: entre risas y juegos, moldeaban figuras de mazapán para festejar con alegría y comida el Día de Muertos. Un sincretismo entre el catolicismo, representado por la iglesia en el centro de la plaza, y las ancestrales creencias paganas locales. Nada de aquello tuvo que ver con el deseado encuentro; estaba a punto de enfrentarme, cara a cara, con el puma. En efecto, al subir las escaleras, rodeado de adornos navideños —¿del año anterior o del año en curso?— topé de bruces con el deformado rostro de una hembra toscamente taxidermizada. Su cuerpo, asido con alambre, se exhibía en una de las paredes. Allí tenía al animal invisible.

El marido de la señora, tiempo antes, dio con el puma y lo abatió en los alrededores del municipio. A modo de nota antropológica en el cuaderno de campo, habría quedado genial escribir que, entre los ornamentos de Navidad, el puma estaba ahí para venerar la paciencia y sabiduría del *Kay Pacha* ancestral; pero hubiera sido una de esas exageraciones e invenciones en las que han caído aventureros y exploradores. Me sentí incapaz de especular sobre si, en aquel modesto hogar, la demacrada piel con relleno de lana y forma felina, estaba más cerca del respeto andino por el mundo terrenal que de la simple ostentación cinegética. De una manera u otra, equivalía al triunfo del ser humano tras conquistar el precario reino del puma. El humano parecía resultar siempre vencedor en todo pulso con la naturaleza.

La siguiente jornada detuvimos los vehículos 4×4 en medio del gran salar de Uyuni. La vasta extensión blanca es inabarcable para el observador que se encuentra en medio de este océano de sal, solo salpicado por islas de material volcánico y corales fósiles; podemos apreciarlo desde muy arriba, y el astronauta Neil Armstrong vislumbró esta mancha blanquecina durante su misión a bordo del *Apolo 11.* Conquistamos, en 1969, otro reino esta vez no habitado: el selenita... la Luna: «Un pequeño paso para el ser humano, pero un gran salto para la humanidad».

Antes de adentrarnos en el gran salar pregunté al equipo boliviano si preferían honrar el Día de Muertos, y respondieron que ya lo estaban celebrando. No hacía falta acudir a un cementerio para comer, beber, reír y bailar con los suyos. Sentados, de pie o conduciendo sobre aquel tablero poligonal —la costra salina cristalizada—, los difuntos compartían espacio y vivencias con nosotros. Me sentí feliz por ellos, pues era una manera optimista de recordar a los muertos; mejor dicho, les envidié. Mi agnosticismo es incompatible con el hecho de revivir tanto a seres queridos como al puma de San Cristóbal.

Y cuando creímos que el puma, huyendo de la extinción, seguiría haciéndose invisible, la pandemia de la que todos hablaban en China no solo se expandió por el resto de Asia, sino que incluso arribó a Europa, Oceanía y América. Entonces, presionado por la sequía en la cordillera, pero sobre todo a causa del confinamiento humano, el puma reapareció ante nuestros ojos. Varios medios de comunicación locales e internacionales se hicieron eco del hecho. Pumas hambrientos paseaban por las calles de Santiago de Chile. Las mismas avenidas y callejuelas que, no hacía mucho, como en otras localidades de Chile y Bolivia, eran terreno de manifestantes y policías antidisturbios: lo habíamos visto en noviembre de 2019, a poco de oír hablar del SARS-CoV-2, cuando estuvimos allí camino de una nueva expedición hacia el territorio del puma. Un mundo terrenal agitado en todos los sentidos y que, al menos aparentemente, tuvo que aparcar sus conflictos políticos, económicos y sociales para afrontar un inesperado encuentro con la pandemia de la COVID-19... y el reencuentro con el puma.

A la vez que el confinamiento humano se traducía en un atisbo de libertad para el puma, se reenviaban mensajes masivos a millones de personas de todo el planeta. Los memes distribuidos a través de las redes sociales dibujaban animales que, libres, en grupo o mirando a través de nuestras ventanas, se mofaban de las personas que permanecían encerradas en jaulas de cemento.

Confinamiento humano versus libertad animal

Rebelión y libertad animal. Sería fácil simplificar estas palabras y reducirlas al hecho de haber recibido la visita del puma, la loba, el oso o la cabra montesa en nuestros hábitats de piedra, cristal, cemento y asfalto. Hablar de rebelión y libertad animal comporta una reflexión que va mucho más allá. Significa replantear nuestra posición biológica en el seno de la naturaleza. Nos habíamos considerado capaces de superar cualquier contratiempo gracias a la tecnología; pensábamos haber dejado muy atrás la amenaza de precedentes y devastadoras pandemias, pero la realidad es que nuestro mundo está en constante evolución y no somos diosas ni dioses, sino una pieza más entre los diferentes peones que forman parte del *Systema Naturae*. En efecto, en el tablero de la vida no existen reinas, reyes, torres, caballos o alfiles; todos somos iguales, y seguimos en liza contra molinos de viento.

El coronavirus nos ha mostrado que, lejos de lidiar con la amenaza de gigantes asteroides desbocados o misiles balísticos intercontinentales, el jaque siempre puede provenir de los más minúsculos virus producto de la evolución. David contra Goliat. Existen y debemos aceptar esta y todas las demás reglas del juego; el problema es haberlas olvidado o que jamás nos las hayan explicado. Mucho peor sería si, de forma consciente y premeditada, quizá hubiéramos preferido ignorarlas o incluso negar su existencia. Somos entidades naturales y, por más sabios y superiores que nos creamos, nunca hemos estado alineados en una división diferente a la que aglutina al resto de los seres vivos. Un montón de jugadores en liza donde uno de los árbitros es la selección natural.

Por lo tanto, la sorpresa y estupefacción con la que acogimos el desembarco del SARS-CoV-2 es, en buena parte, resultado de la vanidad propia del ser humano. Una vanidad que nos alejó de la evidencia científica para, en una esfera más filosófica y tecnocrática, seguir situándonos en el centro del universo. Sin duda alguna, la pandemia de la COVID-19 habría de servir —aunque el precio pagado haya sido muy alto e irrecuperable en vidas humanas— para rescatar y revalorar el estudio de la naturaleza desde la objetividad de la ciencia. El *Homo sapiens* no es una criatura direccionada hacia la constante idea de progreso.

En definitiva, el confinamiento humano vivido durante el azote más intenso del coronavirus, no debe quedarse circunscrito a la visión de las hierbas brotando con rebeldía entre el asfalto, ni a la de los pájaros, reptiles y mamíferos vagando libremente por ciudades y pueblos vacíos, sino en otra metáfora muy distinta: la de la rebelión y libertad de la vida en su globalidad... incluida la microscópica y la nuestra. Somos vida y estamos sometidos a las leyes de la naturaleza. Solo bajo esta premisa podremos afrontar y prevenir las dificultades que puedan afectar a una especie, para nada, elegida... y muchos menos divina.

Capítulo 2

La peligrosa idea del cambio

El mito de la «especie elegida»

Desde tiempos inmemorables el humano ha creído ser la «especie elegida». Solo hace falta recurrir al Génesis, en nuestro ámbito occidental de tradición judeocristiana, para comprobar que la divinidad nos reservó su último esfuerzo. Y es que la creación del universo, Tierra, vida, solo pudo estar coronada por un ser perfecto... el diseño ideal. Hablamos de Adán y Eva, blancos y bellos; hombre y mujer, los primeros humanos que poblaron el paraíso. Incluso el clérigo y vicerrector de la Universidad de Cambridge, John Lightfoot, en el siglo XVII quiso afinar la fecha que el arzobispo anglicano del condado de Armagh, el irlandés James Ussher, había propuesto para la génesis de esta ancestral pareja: el año 4004 a. C. Al respecto, resulta sorprendente cómo Ussher pudo ser capaz de semejante precisión cuando, con los métodos de datación radiométricos, como el del carbono-14, hemos de conformarnos con un siempre prudente margen de error (años, incluso décadas, por arriba o por debajo). Parece ser que una lectura literal del Antiguo Testamento aportó las herramientas y fuentes necesarias.

Pero no nos olvidemos de Lightfoot. Como precoz paladín de la flemática puntualidad británica —huelga decir que el también inglés John Harrison todavía no había inventado su famoso cronómetro—, lanzó que el día de la aparición de Adán y Eva fue el domingo 23 de octubre del 4004 a. C., a las nueve en punto de la mañana. Ni un minuto menos, ni un minuto más. ¿Casualidad u otro atisbo de la megalomanía que caracteriza a la humanidad? Eran la fecha y hora ideales para el inicio del curso académico en Cambridge.

Sin duda, la cuna del linaje humano ocupaba lo más alto del pedestal. Dios, como propusieron los defensores de la teología natural, había actuado como un relojero capaz de moldear a la más insigne de las criaturas. El mensaje caló hondo en Occidente. Incluso, en el siglo XVIII, con el amanecer de la Ilustración, solo hacía falta rebautizar a la criatura. Dicho honor recayó en el eminente naturalista sueco, Carl von Linné; se decía de él que «Dios creó y Linné clasificó». Padre de la revolucionaria clasificación binomial, atribuyó a nuestra especie la denominación de *Homo sapiens*. Por si el ego no estaba lo suficientemente subido, ahora los hijos de Adán y Eva ostentaban el don de la sabiduría. De esta manera se dio continuidad al pensamiento de la antigua Grecia; y es que los filósofos griegos ya habían alabado la idea del hombre racional y digno... inteligente.

Estaba claro; los humanos vivíamos en un mundo racional y civilizado opuesto al instinto y salvajismo animal. El mito de la creación y una privilegiada posición en el seno de la naturaleza nos separaban del resto de los seres vivos: animales y plantas. Todos ellos estaban a nuestro servicio. Podían ser cazados, recolectados, domesticados, maltratados y aniquilados, pues pertenecían a otra casta. Solo así podemos entender la oposición que hubo a la herejía presentada por Darwin y Wallace en 1858: la teoría de la selección natural.

¿El dúo «Darwin y Wallace»? ¿Por qué invitarlos a la fiesta? Pues porque más allá de bienintencionadas y edulcoradas metáforas sobre cómo animales y plantas se sublevaron durante el confinamiento por la pandemia de la COVID-19, la clave para explicar la auténtica rebelión y libertad animal, incluida la nuestra, radica en las leyes de la naturaleza.

Un jinete naturalista a lomos de tortugas

«¿Cómo estás, hermano?» Fue la respuesta de mi amigo Polo al mensaje que le envié durante los primeros días de confinamiento. Tras una iguana marina, un helecho o cualquier fragmento de lava siempre me acompaña por las islas Galápagos... el archipiélago de las Encantadas de Herman Melville. Buena gente y hospitalario como Hugo, Janina, Marita, Ermagno, el Chino, Beto, Dani, el Cucaracha y todo isleño que por allí te cruzas. Polito nació y vive en una de las ínsulas emergidas más antiguas: San Cristóbal.

En la escala geológica del planeta —la Tierra ha cumplido entre 4.500 y 5.000 millones de años (Ma)— la historia de San Cristóbal es tan solo un insignificante suspiro; calculamos que tiene una edad de solo entre 2,5 y 4 Ma. Y las primeras tierras de Galápagos fueron visibles, por encima del nivel del océano Pacífico, no hace más de 15 Ma; la erosión causada por la fuerza de las olas, la lluvia, el viento y la termoclastia las ha hecho desaparecer bajo las aguas. Mientras, Isabela y Fernandina todavía están en crecimiento por la acción de las erupciones volcánicas, y otras vendrán más tarde. Por lo tanto, sea de una manera u otra, y en contradicción con la visión creacionista, la Tierra tiene una historia mucho más larga que los escasos seis milenios —resultado de sumar el año actual al 4004 a. C. de Ussher y Lightfoot— planteados por el creacionismo. Y, muy importante, navegamos en un planeta que, lejos de estar pintado y amueblado, sigue en construcción... la Tierra es dinámica.

«El bicho ya he llegado aquí.» Polo me confirmaba que también ellos se encontraban confinados en los pequeños núcleos poblados que se reparten en las únicas cinco islas habitadas, y que solo suponen un mínimo porcentaje de toda la extensión que gestiona el Parque Nacional de Galápagos; sin contar, por supuesto, las muchas millas de la Reserva Marina. Aquella, junto con Tanzania, es mi segunda casa. Y, desde la distancia y mi confinamiento, no podía imaginarme cuáles serían los resultados de la rebelión y libertad animal tras el arribo del coronavirus a Galápagos.

Ya en condiciones normales, son tan pocos los galapagueños que, de regreso de una navegación en busca de mamíferos marinos, has de esquivarlos cuando se apoderan de la cubierta de tu embarcación; o del banco, en la avenida Carlos Darwin, desde el cual, una vez en tierra firme, pretendes escribir un poco de cuaderno de bitácora. Son los descarados leones marinos. A veces, cuando estoy solo, y mientras se rascan una oreja con las uñas de la aleta —esa mano que parecen llevar cubierta con una manopla de neopreno—, les doy conversación entre sorbo y sorbo de mi botella de cerveza ecuatoriana. Entonces, pacientes, te miran de reojo y pronuncian una educada a la vez que profunda vocalización. El equivalente, seguramente, a «vete a otra parte con tu Pilsener y conversación primate, quiero echar la siesta... ¡sobras!». Durante el confinamiento, lanchas, bancos y Puerto Villamil han sido aún más suyos.

En Galápagos estás rodeado de fauna; lo experimentó y explicó Charles R. Darwin cuando, en 1835, arribó al archipiélago a bordo del *HMS Beagle*. Precisamente, fue San Cristóbal la primera ínsula escogida por el capitán Robert FitzRoy para el trabajo cartográfico, hidrográfico y de prospección terrestre; una tarea que se alargó durante cinco semanas. Otro suspiro temporal si lo comparamos con el lustro que duró la circunnavegación del pequeño barco oceanográfico de la Royal Navy.

El joven Charles relata que, en su trabajo de recolección faunística y botánica, podía capturar a los pájaros con la simple ayuda de un sombrero. Extrajo a las iguanas terrestres de sus nidos tirando de la cola e incluso, mientras andaba con la escopeta al hombro en busca del gavilán endémico, vivió una situación surrealista. Al notar un peso adicional, se giró para comprobar que un espléndido ejemplar de gavilán —la única rapaz diurna de Galápagos— se había posado sobre el cañón del arma. También probó cabalgar a lomos de las enormes tortugas, que presentaban caparazones con forma de silla de montar; de hecho, tiempo antes, los españoles habían visto que la morfología de algunos de aquellos «caparachos» se asemejaba a las sillas empleadas por las amazonas: el galápago. Y de ahí el término se extendió a las tortugas y a uno de los muchos topónimos que ha recibido el conjunto de islas: Colón, Encantadas o Galápagos. El experimento resultó ser fallido y Darwin, siempre tan dado a observar y anotar cualquier aspecto que a otros hubiera parecido insignificante, dejó escrito que era imposible llevar a cabo una digna actividad de equitación a lomos de aquellos quelonios; los mismos que, junto con otros reptiles, sobre todo las oscuras iguanas marinas, se le antojaron como antediluvianos. La geología volcánica, nada más desembarcar, también le había llevado a describir todo lo que le circundaba como una especie de paisaje infernal. Pero las primeras impresiones siempre pueden resultar engañosas.

Lunáticos y mariposas

Charles Robert Darwin era hijo del siglo XIX. Nació el año 1809 en el contexto de una familia británica un tanto atípica para la época. Sus abuelos paterno y materno, Erasmus Darwin y Josiah Wedgwood, habían sido destacados impulsores del movimiento antiesclavista. Es cierto que vivían de forma holgada, al contar con generosas rentas y posesiones, pero, mientras otros dilapidaban su fortuna sin dejar huella alguna o pisoteando a sus congéneres, ellos hicieron el intento de mejorar la existencia de los demás; como mínimo, plantear y exponer el debate. Por ejemplo, ambos fueron fundadores, junto con otros científicos y pensadores del siglo XVIII, de la Sociedad Lunar, o Club de los Lunáticos. El objetivo no solo era discutir sobre los avances de la ciencia y la tecnología, sino también de sus consecuencias. Sin ir más lejos, la Revolución Industrial estaba trayendo grandes ventajas tecnológicas y nuevas posibilidades en la producción, pero, a la vez, comportaba otros aspectos que debían ser tenidos en cuenta.

James Watt, rediseñador de la máquina de vapor, era uno de aquellos personajes que en las noches de luna llena —así podían reencontrar el camino a casa tras las reuniones en Birmingham— discutían sobre ciencia, desarrollo tecnológico y sociedad. ¿Los ingenios de vapor eran un avance aséptico? Para moverse necesitaban energía, y esa energía requería de recursos. Hubieron de explotarse muchas minas de carbón, y en esas minas no trabajaban los que promovían o sacaban rápido y buen rédito de la Revolución Industrial, sino personas que horadaban, excavaban y extraían mineral bajo tierra en condiciones de extrema peligrosidad. Además de las explosiones de grisú, la inhalación del gas acortaba la esperanza de vida de los mineros; y muchos niños, que por su delgadez, agilidad y pequeña estatura eran utilizados para acceder a las galerías más estrechas en busca de nuevos filones, perecían envenenados o sepultados por derrumbes accidentales.

Hoy, cuando «cambio climático global», «crisis ecológica» o «revolución ambiental» ocupan el debate público, los lunáticos quizá fueron los primeros en avanzarse a la reflexión sobre el camino hacia el que nos conducía el desarrollo tecnológico; existían claras ventajas, pero también aparecían los inconvenientes. Nuevos peligros laborales, el hacinamiento y crecimiento demográfico en las grandes ciudades e incluso, quién lo habría dicho para el siglo XVIII, la polución atmosférica. Un aspecto que no solo afectaría a nuestros pulmones, en particular, y a la calidad de vida, en general, sino a otros seres vivos que el humano, con sus actividades, seguía desplazando o alterando. Prueba de ello es la mariposa del abedul.

A principios del siglo XIX, en Mánchester, la polilla nocturna *Biston betularia,* más conocida por su nombre de «mariposa del abedul», aleteaba ajena a los azarosos e involuntarios cambios que estaban a punto de suceder. El color blanco, con motas más oscuras, de sus alas le permitían mimetizarse en el momento de posarse sobre el tronco de los árboles que crecían en los bosques cercanos a la próspera ciudad industrial. Al principio, aun con la presencia de las fábricas, todo continuaba igual. La corteza de aquellos mástiles naturales también era blanquecina, con manchas oscuras, por lo que, quieta, pegada a la superficie, era difícil que los pájaros y otros animales la detectaran y así se mantenía el equilibrio. El depredador tenía su cuota de alimento al mismo tiempo que la población de polillas nocturnas sobrevivía.

Pero las consecuencias de la Revolución Industrial acabaron manifestándose de forma rápida y dramática. La mariposa del abedul vio cómo el hollín que manaba de las fábricas empezaba a formar una nube contaminante; a ello se sumaron las emisiones procedentes de las casas de obreros y obreras. Sus chimeneas eran mucho más pequeñas, pero eran tantos los que habían venido del campo para trabajar en la ciudad que el crecimiento demográfico fue exponencial, y la polución, evidente. Una enorme «nube negra», como sacada de la invasión extraterrestre de *La guerra de los mundos* de H. G. Wells, se convirtió en amenaza para la supervivencia de varias especies, incluida la humana. No es extraño que hoy hablemos del cambio climático, las enfermedades derivadas de la polución ambiental o de los residuos tóxicos en ríos, océanos y freáticos. Pero, una vez más, recordemos que no estamos solos.

Nuestra pequeña polilla, sin quererlo ni beberlo, empezó a topar con árboles cuya corteza se oscurecía por momentos; las partículas residuales del carbón tiznaron de negro el bosque y el, hasta entonces, flamante uniforme de camuflaje de la pálida y moteada mariposa del abedul resultó ser ineficaz. Tras una frenética actividad por la noche, al buscar descanso sobre un tronco, podía ser identificada y fijada como un objetivo fácil. Era carne de cañón. Sin duda, la situación de la *Biston betularia* pasó a ser crítica. Hasta entonces había gozado de los privilegios de una creación divina impecable, la misma que la dotó, hace seis mil años, de un uniforme de camuflaje perfecto para mimetizarse sobre otro diseño divino: la corteza del abedul. ¿Dios había decidido que era su fin?

En efecto, el creacionismo imperaba en una época donde la mariposa del abedul estaba a punto de ser diezmada por culpa del ser humano; las especies habían sido creadas sin posibilidad de cambio: eran inmutables. Un tiburón, elefante, águila o mariposa fueron diseñados tal como entraron, por parejas, en el arca de Noé antes del gran diluvio bíblico. No gozaron de ninguna oportunidad para escoger otro camino... su destino ya estaba decidido en un plan perfectamente orquestado. Por lo tanto, a las polillas nocturnas del abedul, a ojos de los humanos, les tocaba una irrevocable extinción. Pero algo falló. Hoy seguimos viéndolas revolotear entre los árboles cercanos a Mánchester, y ¡son negras!

¿Por qué las alas de la polilla actual son de color negro? Pues gracias a la rebelión y libertad animal. Pero, vayamos por partes, habíamos dejado a Darwin muy preocupado en las islas Galápagos, y a su abuelo Erasmus perdido por alguna de las reuniones de la Sociedad Lunar... o Club de los Lunáticos.

La peligrosa idea del cambio

La Ilustración fue un punto de inflexión en la observación y comprensión del mundo. Influidos, sin duda, por los ideales de la Revolución francesa, Erasmus Darwin y Josiah Wedgwood actuaron como motores de diferentes movimientos sociales: desde la mejora de las condiciones laborales y de salubridad en sus fábricas, pasando por los debates en el seno del Club de los Lunáticos, hasta un claro posicionamiento antiesclavista. Y el campo de la historia natural no fue una excepción, también estaba a punto de dar un vuelco. Así, haciendo gala de una vida disipada donde jamás faltó una buena mesa de comida ni el saltarse los cánones sociales de la época, en el campo de la ciencia Erasmus se atrevió a escribir un ensayo en el que especulaba con la evolución de los seres vivos: la peligrosa idea del cambio que tanto temían las inamovibles autoridades eclesiásticas, políticas y académicas del siglo XVIII. El título de la obra: *Zoonomía, o las leyes de la vida orgánica* (1794). El escrito de Erasmus bebía, en parte, del trabajo de un corpúsculo de díscolos naturalistas procedentes del otro lado del canal de la Mancha.

En la *gare* de Lyon compré el billete de tren. No era mi primera incursión parisina, pero jamás había tenido la oportunidad de desplazarme hasta la localidad de Montbard. El tren de alta velocidad se detuvo en la estación y ascendí, entre las tiendas todavía cerradas, hasta un bosque amurallado. Hallé el acceso y, una vez flanqueadas las puertas, supe que me encontraba en los dominios del castillo de

Georges-Louis Leclerc, el conde de Buffon. No topé con más curiosos y, tras pasear por la frondosa vegetación, visité el viejo torreón de Saint-Louis. Amparado por gruesos muros, y con unas vistas privilegiadas del espacio natural de la comarca, no fue difícil imaginar a Buffon enfrascado en los libros de su biblioteca particular. Otros necesitaron de torreones y murallas para proteger, de la avaricia del vecino, el oro, la plata y las posesiones varias; allí dentro, en cambio, me sentí identificado con el naturalista local. Su tesoro más preciado fue el saber. Entre laboratorios de química y gabinetes de curiosidades, en aquel acuartelamiento de Montbard recopiló documentación para los treinta y seis volúmenes (el primero publicado en 1749) y otros ocho tomos aparecidos tras su muerte que forman parte de la gran *Histoire naturelle*.

Martí Domínguez es capaz de pasarse horas hablando sobre la vida del conde; de hecho, la escapada a París fue gracias a la lectura de su libro: *Las confidencias de Buffon*. De esta guisa, releyendo algunos capítulos, recalé en el café Le Procope, el más antiguo de la capital gala, donde se reunía el naturalista con Diderot y otros ilustrados de la época. Lo que hubiera dado por escuchar sus «confidencias» entre bambalinas. Admiro a Buffon por haber sido de los primeros en atreverse a relacionar, desde un punto de vista anatómico, a los humanos con otras especies de primates. Pero lo cierto es que, para escribir sobre cosas parecidas, y en los tiempos que corrían, era mejor recluirse en un castillo —solo, rodeado de textos y esqueletos— más que en los espacios académicos dominados por envidias e ideas inmovilistas. Aun así, aunque no fueran en forma de cañonazos contra muros físicos, no pudo evitar los ataques; inevitablemente, otros eminentes intelectos supieron disparar con dardos bien punzantes.

Hemos citado al gran clasificador Carl von Linné, el cual defendía la creación divina e inmutable de todas las especies de animales, plantas y hongos que él mismo ordenaba. Buffon, en cambio, además de su poco entusiasmo por el creacionismo, no creyó útil centrar los esfuerzos en la clasificación de la naturaleza dentro de cajones estancos. Más que etiquetar, prefería describir y observar el comportamiento del todo. De ahí que en su obra no solo dedicara palabras a los seres vivos, sino también al universo y a la historia de la Tierra.

Las disputas entre el sueco y el galo no llegaron a las manos, pero sí por vía epistolar... y el primero supo cómo minar la moral del segundo. Así, en el momento que tocó bautizar al sapo común, Linné envió una misiva dirigida al conde; le decía que, en honor a su eminencia, había pensado clasificar aquel anfibio bajo la siguiente definición binomial: *Bufo bufo*. Algo que hizo también cuando encontró alguna planta con un aspecto que, para la mayoría de los mortales, hubiera sido tildado de feo u horripilante. Aunque sobre gustos no hay nada escrito y nadie entiende que me haya erigido en el fundador, y único miembro, del imaginario Club de los Animales Malditos: entre otros seres damnificados, defiendo a ultranza la belleza y honorabilidad de la siempre denostada hiena.

Buffon, a diferencia de su amigo y enciclopedista Diderot, supo mantenerse a salvo de la vigilancia y castigos de los teólogos de la Sorbona. Tenía ideas que esconder. A caballo del cargo como director del Jardín del Rey, en París, y su gabinete en el castillo de Montbard, le dio forma a una idea que rompía con el modelo creacionista de la inmutabilidad: el transformismo. Esbozó que algunas criaturas, con el paso del tiempo, se habían transformado de unas formas a otras; por ejemplo, el lobo salvaje habría dado lugar a las diferentes razas de perro domesticadas. De haberse seguido el modelo divino, tanto el lobo como el perro responderían a creaciones independientes y fijas, pero Buffon otorgó libertad al mundo animal: existía la posibilidad de cambiar. El único problema es que nuestro personaje ocupaba lugares sociales de privilegio, pertenecía a la aristocracia, por lo que de forma prudente quiso asegurar tanto su fortuna personal como su posición social: era mejor no irritar a las autoridades eclesiásticas, de gran influencia en la corte, y no ahondó en el transformismo.

Hoy, en la capital francesa, el Jardín de las Plantas tiene un rincón dedicado a la memoria de Buffon; sentada en la butaca Versalles, su escultura de bronce dirige la mirada hacia uno de los edificios del Museo Nacional de Historia Natural: es la actual Gran Galería de la

Evolución. Parisinos y turistas que pasean por las ramblas laterales no suelen fijarse en el monumento rodeado de flores y manchado por excrementos de paloma, pero resulta curiosa la ubicación. Debido al capricho de los urbanistas, da la espalda a otra efigie; la que está en el extremo opuesto del enorme recinto y que preside la entrada principal a los antiguos jardines reales. Me refiero al caballero de Lamarck.

Jean-Baptiste Lamarck, el precursor de la biología moderna y uno de los grandes naturalistas franceses de finales del siglo XVIII, principios del XIX. Pero no todo acaba aquí. Este discípulo aventajado del conde de Buffon fue, sin duda, el padre de la evolución. ¿Padre de la evolución? Sí. Antes de los trabajos de Darwin y Wallace, el caballero de Lamarck formuló algunas de las bases del evolucionismo. Entonces, ¿por qué su escultura, también sedente, merece tan poca devoción e interés? Hablamos de una nación, Francia, donde cualquier piedra es reconvertida en monumento histórico o una nueva viña deviene santuario de peregrinaje enológico; por lo tanto, resulta extraño que el padre de la evolución —un francés— no convoque a miles de visitantes haciéndose *selfis* con la estatua de Lamarck. La razón es que le tocó compartir momentos convulsos con otro coloso de la ciencia; uno que sí supo jugar sus cartas. Me refiero a George Cuvier.

«*LIBERTÉ, ÉGALITÉ, FRATERNITÉ*» Y CUELLOS DE JIRAFA

Sin abandonar el Jardín de las Plantas de París, ahora nos adentraremos en un espacio museístico emblemático para la historia de la ciencia: la Galería de Paleontología y Anatomía Comparada. Una instalación de finales del siglo XIX, pero cuyas colecciones debemos al ingenio de George Cuvier; el gran impulsor, precisamente, de la paleontología y fundador de la anatomía comparada. Entre el siglo XVIII y el XIX, este francés había atesorado una extensa colección osteológica que sirvió de base para la apertura de la nueva galería.

Así, nada más sumergirte en la sala de anatomía comparada, tropiezas con cientos de ejemplares distribuidos en una especie de circuito elíptico. Tanto a izquierda como a derecha, en perfecta formación, e incluso buscando cierto equilibrio estético, observas esqueletos de cetáceos y otros mamíferos marinos, grandes cuadrúpedos africanos, americanos o europeos, y una escuadra de orangutanes, gorilas y chimpancés que fueron armados en posición de firmes (bípedos). Como centinelas de órbitas vacías, parecen vigilar tus pasos. De hecho, se trata de pasar revista a la historia de la ciencia; a las colecciones que sirvieron para indagar y profundizar acerca de nuestra privilegiada posición en la naturaleza. Y para ratificarlo, el modelo anatómico de un *Homo sapiens* encabeza, como general victorioso, la legión de todos esos seres inferiores que desfilan a su espalda. El brazo izquierdo alzado y una pose hierática nos dan la bienvenida a la sala. Un saludo imperial que contrasta con otra escena muy diferente ubicada en el vestíbulo del museo.

El acceso a la Galería de Paleontología y Anatomía Comparada de París nos deja muy claro que, en el momento de su fundación, el feudo no era acorde con los científicos que querían hacer descender a nuestra especie del Olimpo; el mismo donde está aupado el César musculado de la sala de anatomía. Buffon se había avanzado y cometió la osadía de vincularnos con los simios y, con ello, a las reglas democráticas de la naturaleza... lo cual era inadmisible. Nosotros éramos nobles descendientes de Adán y Eva; seres que seguíamos el canon estético grecorromano y, por lo tanto, de raíz blanca europea. Todo el resto pertenecía al mundo animal. Así, en nuestro obligado paso por el vestíbulo, vemos la escultura de mármol de Emmanuel Frémiet, datada en 1895; representa al «monstruoso» orangután estrangulando a un «salvaje» en las selvas de Borneo. El impacto y golpe visual son brutales; las dimensiones y realismo de la escultura hacen su efecto, pero existe un más que inquietante detalle: junto al simio asiático, Frémiet talló a una cría de orangután y, en su cara, el cincel recreó la misma expresión sádica que la del adulto. Ambos disfrutan asesinando a una criatura que, para muchos europeos decimonónicos, también respondía a un ser inferior: el «salvaje». La supremacía del hombre blanco y civilizado tan amo como ajeno del mundo natural.

Y George Cuvier, sin ir más lejos, se convirtió en el amo supremo del *Jardin du Roi* de París. Tras el triunfo de la Revolución francesa, y el derrocamiento de la monarquía, la institución cambió de nombre: *Jardin des Plantes*. Su nuevo director tendría que haber sido el discípulo del conde de Buffon, es decir, Jean-Baptiste Pierre Antoine de Monet, el caballero de Lamarck, pero Cuvier supo ganarse la confianza de las autoridades revolucionarias. Paradojas de la vida, lo que tendría que haber sido una época de continuidad para otra revolución —la ya iniciada por Buffon y Lamarck en cuanto a la comprensión de la naturaleza— supuso, al final, un paso atrás.

La libertad, igualdad y fraternidad revolucionarias tan solo tuvieron reflejo en lo social, aunque no siempre lograron sus objetivos. Es cierto que se dio un paso enorme cuando la Asamblea Nacional aprobó, en 1789, la Declaración de los Derechos del Hombre y del Ciudadano, pero pronto, muy pronto, otras élites se adueñaron del poder. La desigualdad social continuó vigente (la distancia entre ricos y pobres), a la mujer le quedaba un largo camino por recorrer, y otras etnias, como las de ultramar (africanas, americanas, asiáticas y oceánicas), siguieron siendo esclavizadas, de forma oficial u oficiosa, y consideradas inferiores. Algo bien plasmado en la escultura de Frémiet: el «monstruoso» orangután estrangulando al «salvaje» humano.

El ingenio de Cuvier hizo que las cosas se pusieran todavía mucho más feas para los precursores, como Lamarck, del evolucionismo. El primero, con la ventaja que otorgaba el favor del poder, y su posición académica, se dedicó a ridiculizar al segundo. En la obra *Filosofía zoológica* (1809) el caballero de Lamarck defendía que, ante la modificación de las condiciones en el medio, un animal era capaz de evolucionar hacia otro ser vivo distinto: la necesidad impulsaba el cambio. Así, el largo cuello de las jirafas africanas habría tenido su origen en jiráfidos ancestrales, de cuello corto; estos, al comprobar que las hojas más bajas escaseaban, se vieron obligados a estirar el cuello para intentar alcanzar las ramas más altas de los árboles. A fuerza de estirar, con el tiempo, estas deformaciones físicas fueron transmitidas, poco a poco, a las siguientes generaciones hasta llegar a la longitud del cuello de las jirafas actuales.

Era una primera visión evolucionista que naturalistas posteriores ayudaron a perfeccionar, pero, a la vez, suponía una idea tan transgresora como peligrosa. Al igual que los humanos habían perseguido el cambio cortando el cuello a los opresores inmovilistas, la naturaleza también conquistaba su propia *liberté, égalité, fraternité*; esta vez sin la guillotina, sino alargando el cuello de la jirafa. El mundo animal quedaba equiparado con el de los humanos. Ambos eran capaces de tomar las riendas de su destino. Los animales, ante la adversidad, ya no habían de conformarse con el cuello, las alas o los colmillos que recibieron en la creación, también podían tomar su propio y libre camino.

Capítulo 3

Los fósiles de la discordia

La hembra de guepardo, los babuinos y dos polizones

Acompañado por un par de colegas de la Universidad de Barcelona, llevábamos un tiempo trabajando en los departamentos de arqueología y paleoantropología del Museo Nacional de Nairobi. En pocos días saldríamos, por carretera, desde Kenia hasta Tanzania. Nos esperaba una nueva expedición al lago Natron, la tierra de los maasai y de algunos de los vestigios más antiguos de la evolución humana. La estancia en el museo había sido del todo fructífera; desembalar las cajas de madera donde se guardan muchos de los artefactos de piedra hallados en los yacimientos de la mítica garganta de Oldupai —más conocida en la bibliografía como Olduvai— era todo un privilegio.

La capa de polvo que cubría el plástico superior, sellado con chinchetas oxidadas, no dejaba ver el contenido de los cajones con nitidez. Después descubrí que, junto a las industrias líticas, en el interior se conservaban viejas anotaciones manuscritas por la responsable de aquellos hallazgos: la extraordinaria arqueóloga Mary Leakey. Desclavar las tachuelas, y retirar el precinto otrora transparente, era como cuando Howard Carter accedió a las cámaras no profanadas del hipogeo de Tutankamón en el Valle de los Reyes. Solo que aquí había otro tipo de maravillas: herramientas de piedra fabricadas por homininos fósiles de hacía más de un millón y medio de años. Muy parecidas a las que estábamos excavando en la región tanzana de Peninj junto con el equipo de Manuel Domínguez-Rodrigo.

Tras despedirnos de los investigadores keniatas, hicimos el petate; todavía sobraba una tarde. En el hotel vecino al museo, donde hacen descuento a los investigadores extranjeros, vimos que fletaban excursiones hasta el cercano Parque Nacional de Nairobi. Eran tiempos en los que, durante nuestras misiones científicas, no había oportunidad para irse de safari fotográfico por los santuarios naturales: Ngorongoro, Serengeti, Maasai Mara, Tarangire, Amboseli, etc. La economía personal no lo permitía, y en aquel reclamo publicitario de recepción pusimos nuestras ilusiones y chelines keniatas que quedaban en el bolsillo. Todo hacía presagiar que sería una salida sin demasiadas emociones. La limitada duración de la actividad, el hecho de ser un parque desde el que observas, como telón de fondo, el *skyline* de la capital, y el vetusto estado del vehículo habrían podido menoscabar nuestro entusiasmo por contactar con la fauna local; pero, qué demonios, íbamos a intentarlo: *carpe diem*.

Eso sí... nadie nos dijo que el *tour* era regular, y los dos tipos que abordaron la parte trasera del transporte llevaban consigo una buena provisión de comida, bebida y tontería. Con un poco de suerte, y si los cálculos no fallaban, la euforia inicial, nada más cruzar la entrada al parque, derivaría en apatía y somnolencia. Al menos ese era nuestro deseo porque, desde la nube de mariposas que rodeó la furgoneta hasta los leones que pronto aparecieron en el camino, todos recibieron los efusivos gritos y aspavientos de ambos energúmenos. El conductor no quería problemas con los *wazungu* (blancos) y delegó en nosotros la misión de pedirles un poco de respeto para con la fauna. No se trataba de un debate sobre qué estaba prohibido o permitido por las reglas del parque nacional, sino una cuestión de sentido común... de educación. No siempre sabemos comportarnos entre parientes cuando somos los invitados a su casa: la naturaleza. Llevamos mucho tiempo desconectados de las junglas que no sean de asfalto y, a la inversa de lo observado con la rebelión animal durante el confinamiento, los humanos somos los usurpadores del ecosistema de otras especies. La diferencia es que lo hacemos de forma ruidosa e irrespetuosa; incluso una manada de elefantes, dentro de una cacharrería, actuaría con mayor discreción.

«Silence, please!» Jamás he creído que aquellas palabras causaran efecto, y antes apostaría por el par de malolientes bolsas de patatas fritas que salieron de la mochila, pero los dos polizones acabaron parapetándose en un rincón de la cabina. Así pudimos hacernos con el escaso espacio que dejaba la trampilla superior de observación. El trío, de pie, sacando las cabezas por el techo, discerníamos en el horizonte los rascacielos de la urbe —la superpoblada y contaminada Nairobi—, pero también estaba la luz de África al atardecer, las acacias y una gran variedad animal. Tan hábitat natural es la sabana como las calles y plazas donde vive el ser humano. Somos entes naturales y las ciudades, junto con desiertos, selvas, montañas o hielos, representan otro tipo de ecosistema. Un tema muy diferente es que sus inquilinos sigan considerándose superiores y elegidos.

La mezcla de tonos anaranjados y amarillentos que adquirió el paisaje —la iluminación que buscó Sydney Pollack para *Memorias de África* y la que persiguen todos los documentales de la BBC o National Geographic— señalaba el fin del preciado viaje iniciático, y los dos compañeros de safari despertaron de su letargo para gritarle al guía que se dirigiera directo al hotel. Fue entonces cuando se produjo un acontecimiento que no solo diezmó la valiosa reserva de película fotográfica —era el antes de las cámaras digitales—, sino que llenó páginas y páginas de nuestros cuadernos de campo.

De camino hacia la salida, observamos cómo una hembra de guepardo había dado caza a un macho de impala. Allí, escondida entre las gramíneas, y rodeada por su camada de tres crías, daba cuenta de la presa. Ante las protestas de los dos adormilados personajillos, nos detuvimos de nuevo para tomar algunas instantáneas. Era una escena perfecta, y no solo con el objeto de ilustrar algún libro, artículo o conferencia, sino para recopilar más datos sobre la conducta de los predadores y herbívoros cuyos ancestros compartieron hábitat con los del ser humano. Nos hallábamos en la cuna de la humanidad: África.

El empeño del naturalista de campo siempre tiene su recompensa. Procedentes del flanco izquierdo, detectamos una gran tropa de babuinos entre las altas hierbas. Los rayos solares, cada vez más oblicuos, convertían el mar de herbáceas en un manto dorado del cual solo sobresalía el lomo de aquellos primates; avanzaban de forma cuadrúpeda. Los también llamados papiones tienen cabeza en forma de cánido —de ahí lo de cinocéfalos— y los machos poseen unos poderosos colmillos. Además, como nosotros, son omnívoros. Tienen interés por las semillas, frutos y tubérculos, pero también por los insectos, reptiles, anfibios, aves y otros pequeños mamíferos que se pongan a su alcance. A esto debemos añadir que tienen una estructura social muy compleja que les permite sobrevivir en bosques, sabanas y zonas desérticas. Por supuesto que no era nuestro primer encuentro con babuinos —Jordi Galbany, con el tiempo, ha acabado dedicándose a su estudio—, y dedujimos que estaban buscando refugio para pasar la noche. Cabe señalar que son primates diurnos y la oscuridad no genera seguridad; árboles y abrigos rocosos elevados suponen, sin duda, una buena protección para evitar o mitigar los ataques del leopardo. Lo que no supimos adivinar fue que las cosas iban a derivar hacia otros derroteros.

Los babuinos detuvieron la marcha, olisquearon el aire, y la tropa, de unos cuarenta individuos, corrió hacia nuestra posición. Al unísono, la hembra de guepardo se incorporó como un resorte y emitió la señal de alarma para que sus crías emprendiesen la huida. Pero ella aguantó impasible. Por lo tanto, cuando creíamos que los primates se limitarían a dar un rodeo y evitar el encuentro, varios grandes machos alfa se aproximaron a solo unos pocos metros de donde se hallaba el impala. Dispuestos en semicírculo, clavaron las miradas en el guepardo. Consciente de la inferioridad numérica, no tenía ningún ánimo de presentar batalla; la carcasa que yacía a sus pies dejaba de ser importante y era prioritario salvar a la prole. Lo que sucedió a continuación fue como recuperar una de aquellas viejas y equivocadas ideas sobre cómo nació la postura bípeda en los primeros homininos fósiles... por ejemplo, el bipedismo de la famosa australopiteca Lucy.

De repente, la avanzadilla de machos dominantes —el resto de la tropa permaneció lanzando chillidos y vocalizaciones desde la retaguardia— venció el obstáculo visual que suponían las altas hierbas, al adoptar la posición bípeda. El hecho de erguir los cuerpos sobre sus dos piernas no solo les permitió otear por encima del manto herbáceo, sino que, además, consiguieron mayor envergadura que la del estilizado, veloz y bello felino. El panorama era, sin duda, amenazante e intimidador. Hicimos callar a uno de los pasajeros; farfullaba algo parecido a *«What happen! Go home... go home!»*. El conductor keniata estaba tan interesado como nosotros ante aquella imprevista e inesperada sucesión de acontecimientos... para nada importaba que el sol ya se hubiera esfumado y que debiéramos salir pitando.

Los que corrieron fueron otros. Tras unos tensos y largos minutos de exhibición de colmillos por parte de ambos bandos, y de cruce de miradas —todo recordaba al eterno duelo final de *El bueno, el feo y el malo*—, se produjo el desenlace. Sin mediar aviso —unos segundos menos y me pillan colocando un nuevo carrete en la cámara—, dos babuinos tomaron la iniciativa. Si hasta aquel momento, junto a los otros machos alfa, habían mantenido una firme postura bípeda, de repente pasaron a la tracción total (cuadrúpeda) para arrancar un alocado galope. La hembra de guepardo reaccionó al instante y puso pies en polvorosa. Cruzaron muy cerca de la *vanette*; la pareja primate pisaba los talones del felino y de esta guisa siguieron mientras se alejaban y perdían entre la vegetación. Oscurecía y estábamos obligados a abandonar el parque; uno de los polizones tenía que tomar un vuelo esa noche y, más importante, nuestro generoso guía podía tener problemas con los *rangers*.

Al día siguiente, marchamos hacia Arusha y jamás supimos qué ocurrió con la hembra de guepardo. Es el animal terrestre más rápido del planeta y, seguramente, escapó gracias a su velocidad punta. ¿Y las crías? Mimetizadas entre las gramíneas, es muy posible que pudieran evadirse y reencontrarse más tarde con la madre; pero también pudieron haberse extraviado y caído en manos de las hienas o los chacales.

La lucha por la supervivencia; una contienda de la que fuimos testigos y cronistas. Fulminamos varios rollos de película —el motor y el obturador de mi fiel Nikon FM2 trabajaron duro— y los garabatos se agolparon en la libreta Moleskine. Algunos documentales sobre evolución humana, para ilustrar el inicio de la bipedestación entre nuestros ancestros africanos más arcaicos, recurren a dramatizaciones muy parecidas. Un primer hominino cuadrúpedo sale del bosque; anda encorvado con los nudillos apoyados en el suelo, pero, de repente, se yergue por encima de las altas hierbas de la sabana adquiriendo así la marcha sobre dos piernas. *Et voilà!* El problema es que semejante aproximación a la evolución es del todo incorrecta. Por mucho que los babuinos adoptaran la bipedestación ante el guepardo, por más que el disponer de una mejor visión y capacidad de intimidación se les hubiera antojado como algo genial, finalizado el encuentro, los primates continuaron su camino con la anatomía de un cuadrúpedo.

En el terreno de la evolución humana, pasar de cuadrúpedo a bípedo no fue debido al simple deseo de querer erguirse y andar, sino que respondió a un largo y complejo proceso evolutivo que incluyó la rehabilitación de huesos, músculos y demás retoques anatómicos; todo reformado y decorado a gusto de la naturaleza.

¿Bípedos por arte de magia?

Siempre habremos de agradecer a Lamarck la primera gran aproximación al evolucionismo. El problema es que no siempre hemos acertado en el momento de rescatar sus ideas: la necesidad conduce al cambio. Siguiendo con el ejemplo de la bipedestación humana, las malinterpretaciones no solo se limitaron a productos televisivos, sino que proliferaron en libros y conferencias; así se extendió el viejo tópico de que la locomoción bípeda nació por un imperioso deseo de ver por encima de las altas hierbas de la sabana.

Los babuinos del Parque Nacional de Nairobi, osos, gorilas y otros animales se yerguen sobre sus extremidades posteriores para ampliar el campo de visión, pero también para parecer más grandes y fieros ante un peligro. Los soldados humanos, desde los troyanos a las tropas de Napoleón, portaban cascos altos coronados por crestas y plumas que les dotasen de mayor envergadura. Por lo tanto, además de ampliar el campo visual, la bipedestación también supuso una clara ventaja para defenderse con mayor eficiencia en los espacios abiertos de África. Pero aquí no acaban las prestaciones del bipedismo. Andar de pie supuso liberar las manos y así transportar, fabricar y manipular herramientas de forma eficiente. Al mismo tiempo, y en comparación a un cuadrúpedo como la cebra o el búfalo, la posición bípeda ofrece menor superficie corporal a la radiación solar, lo cual disminuye el sobrecalentamiento. Incluso realizar desplazamientos reduciendo el gasto de energía; andar sobre dos piernas sacrifica velocidad, pero nos dota de mayor resistencia: un humano no corre tan rápido como un felino, mientras que sí puede completar con éxito una maratón.

Ante tal apabullante listado de ventajas, la explicación parecía clara: los primeros representantes de nuestra línea evolutiva se pusieron de pie debido, valga la redundancia, a la necesidad de ponerse de pie. La jirafa de Lamarck, ante la escasez de alimento, había alargado su cuello a fuerza de estirarlo para alcanzar las hojas más altas; y los homininos, en busca de mejor campo de visión, capacidad defensiva, manipulación de objetos, termorregulación corporal y vencer mayores distancias —tras forzar repetidamente la postura erguida— acabaron siendo bípedos. Ahora bien, el auténtico origen del bipedismo no respondió a una carta de peticiones.

Los chimpancés que observamos en las montañas tanzanas de Mahale y los bosques de Kibale y Budongo (Uganda) ensayan la postura y marcha bípedas a diario, pero siguen siendo anatómicamente cuadrúpedos. Lo mismo que otros primates con los que he topado en Madagascar —los saltarines sifaka— o los monos de cara negra comunes en muchas regiones de África. Por mucho que se levanten o caminen sobre dos piernas, esto no ha de conducirlos, necesariamente, hacia un esqueleto de bípedo como el de los homininos tanto fósiles como actuales: el *Homo sapiens*. La pelvis, la articulación de la rodilla, la columna vertebral, la posición del foramen magnum, el pie y muchos otros atributos anatómicos sufrieron importantes transformaciones para que pudiésemos andar sobre dos piernas de forma eficiente. En definitiva, el paso de cuadrúpedo a bípedo no fue ni por arte de magia, ni promovido por el deseo ni la necesidad del propio individuo.

Es cierto que la tesis lamarckiana acerca de que la función crea el órgano y la necesidad crea la función es la que nos habría gustado adoptar con la llegada del SARS-CoV-2. Humanos que, por necesidad, hubiésemos acabado desarrollando las defensas naturales para luchar contra el virus, y cualquier otro tipo de contratiempo procedente del medio. Pero la evolución biológica depende, una vez más, de las leyes de la naturaleza, y no de las aspiraciones del propio individuo.

Aun así, cabe insistir en la genialidad de Lamarck: planteó una consistente aproximación evolucionista que puso en jaque a la inmutabilidad de la vida. Por ende, ¿había llegado el momento de cuestionar la posición de la especie humana en el mundo terrenal? No. Ya lo dice el título de la canción: *Un pasito pa' delante, un pasito para atrás*. El gran salto adelante de Lamarck fue neutralizado por un gran salto atrás: George Cuvier aportó los argumentos capaces de silenciar al evolucionismo.

Un perezoso gigante en la corte

Lamarck había atentado contra el inmovilismo y, por aquel entonces, su rival científico no estaba dispuesto a permitirlo. Lo que resulta paradójico es que Cuvier no simpatizase con el evolucionismo lamarckiano. Era el fundador de la moderna anatomía comparada y, sobre todo, de la paleontología. Para alguien que estudiaba fósiles del pasado, abrazar una explicación sobre la evolución de las especies, *a priori*, se nos antoja como algo más lógico que el hecho de haberse mantenido fiel al creacionismo. Pero, claro, no somos nadie para discutirle, al siempre genial Cuvier, qué camino debió haber tomado. En este trayecto se cruzó con seres y criaturas fantásticas. Una de ellas navegaba por el Atlántico.

¿Qué debieron pensar los marineros que, habiendo zarpado de las colonias en América, transportaban una preciada y misteriosa carga hasta las costas españolas? Preciada porque se trataba de un regalo, del virrey del Río de la Plata, para la corona. El monarca Carlos III, el ilustrado, era el destinatario de aquellos siete fardos. Misteriosa porque no se trataba de oro, ni marfil... ni tan siquiera una nueva planta comestible, o algún animal vivo exótico para las colecciones zoológicas de la *orangerie* ubicada en el actual parque del Retiro de Madrid. Eran huesos; huesos fósiles de un gigante.

El año 1787, en Villa de Luján (provincia de Buenos Aires, Argentina), se había producido un hallazgo fortuito que, rápidamente, algunos no dudaron en relacionar con la existencia de humanos gigantes antediluvianos. El revuelo fue tal que el alcalde de la población decidió que un fraile dominico, Manuel de Torres, coordinase la exhumación de tan extraños restos óseos. Encargo que, aun no siendo un experto, llevó a cabo lo mejor que pudo. Entre otros muchos aciertos, solicitó que los delicados vestigios fueran debidamente embalados para ser transportados hasta Buenos Aires. Gracias a ello, y a los primeros dibujos realizados, pudo deducirse que, lejos de ser un humano gigante, se trataba de un gran animal extinto digno de ser estudiado y, sobre todo, exhibido.

Y es así como los restos del gigante acabaron viajando, en 1788, con destino al Real Gabinete de Ciencias Naturales de Madrid. Nadie antes había encontrado algo parecido, y Carlos III quiso que semejante regalo pasara a ser una curiosidad más de las colecciones que atesoraba. Él mismo encargó a su secretario que escribiera lo siguiente a Nicolás Francisco Cristóbal del Campo, el virrey español:

> Procure por cuantos medios sean posibles averiguar si en el partido de Luján o en otro de los de ese virreinato, se puede conseguir algún animal vivo, aunque sea pequeño, de la especie de dicho esqueleto, re-

mitiéndolo vivo, si pudiese ser, y en su defecto disecado y relleno de paja, organizándolo y reduciéndolo al natural, con todas las demás precauciones que sean oportunas, a fin de que llegue bien acondicionado, y tenga Su Majestad la complacencia de verle en los términos que desea.

Sin duda creyeron en la posibilidad de localizar algún ejemplar vivo por los territorios de ultramar. Exhibir un monstruo mayor que un elefante asiático —superaba los cinco metros de longitud— no solo podía convertirse en un hito para la ciencia de la Ilustración, sino en un valioso reclamo que hiciera aún más grandes y visibles los tentáculos de la corona dentro y fuera de sus fronteras. Hablamos de otros tiempos, y el expolio practicado por las potencias coloniales alimentó los fondos del Museo Británico de Londres, del Louvre de París o del Museo de Pérgamo de Berlín. Junto a bellas esculturas de mármol, griales de oro y refinadas cerámicas, las curiosidades naturales ocuparon un lugar destacado. Algunas, de menor talla, incluso habían llegado con vida. Ejemplo de ello es el oso hormiguero, también procedente de tierras argentinas, que fue regalado a Carlos III en 1776. Formaba parte de esos animales de morfología y pelaje exóticos que las naciones europeas exhibían con orgullo hasta que, por falta de conocimientos sobre su alimentación y cuidados, morían al cabo de poco. Por dicho motivo, resultaba necesario inmortalizarlos antes de que perecieran; todavía faltaba mucho para la invención de la fotografía y hubo que recurrir a otros artistas de la época.

«La osa hormiguera de Su Majestad» fue trasladada al Buen Retiro por orden del rey, y retratada en un óleo sobre lienzo conservado en el Museo Nacional de Ciencias Naturales de Madrid. Como curiosidad, y después de una trama casi detectivesca, en 2011 la autoría de la pintura fue atribuida a Goya por los expertos del Museo del Prado. De haberse hecho realidad los sueños monárquicos de topar con un ejemplar vivo del gigante de Luján, don Francisco de Goya quizá hubiera sido el escogido para retratar al monstruo. Sí... un monstruo.

Una vez los siete fardos llegaron a Madrid era necesario desembalar todos los huesos y solucionar el rompecabezas. Para armar el esqueleto completo de aquel coloso no se contaba con ninguna referencia; tan solo el boceto de la primera reconstrucción hecha en Buenos Aires. La persona a la que encomendaron dicha tarea fue al pintor y taxidermista Juan Bautista Bru de Ramón. Este no tenía conocimientos previos en lo que hoy denominamos ciencia paleontológica; su ocupación, en el Real Gabinete de Historia Natural, era ilustrar y taxidermizar algunas de esas exóticas criaturas que venían de América, pero también de los parajes naturales de la geografía local. El mismo Carlos III, como la mayor parte de los nobles de la época, sentía especial atracción por la caza, y alguien había de plasmar los trofeos en forma de dibujos, acuarelas, pinturas y taxidermias. Ahora bien, una cosa era intentar restituir lo que unas horas o días antes había estado vivo, y otra cosa era jugar a ser Dios y recomponer las piezas de aquel esqueleto que nadie había visto con vida.

El resultado fue todo un despropósito; como intentar montar la *Estrella de la Muerte* de *Star Wars* sin las precisas instrucciones de Lego. Los huesos que no encajaban, como él quería o imaginaba, los serró, limó y modificó con rellenos y otros elementos postizos. Al poco, el mito de un ser terrible quedó reforzado, pues en el Real Gabinete empezaron a proliferar descriptivos como «el monstruoso esqueleto» o «el gran monstruo del río Luján». Las largas y curvadas garras en las extremidades, la posición anatómica en la que fue reconstruido —a cuatro patas—, el tipo de dentición más propio de una criatura vegetariana, y las grandes dimensiones del conjunto hicieron que se hablara de una mezcla de paciente herbívoro con terrible carnívoro.

¿Existía un ser semejante al monárquico león, y del tamaño de un elefante, pero con una dieta peculiar? Si al cóctel le añadimos la fascinación que sentía Bru de Ramón por los animales raros, es decir, por seres nacidos de forma aberrante —al gabinete llegaban perros con dos cabezas, cabras con cuernos de fantasía, fetos de cíclopes, etc.—, se entiende que nadie supiera si estaban ante un ser terrestre, anfibio o marino. Era una especie de sirena del mundo animal, un ser mítico casi salido de una epopeya griega. Apremiaba poner orden, y esto sucedió cuando, por fin, se dio nombre a lo que, en un principio, solo habían sido fardos repletos de misteriosas maravillas: la humanidad había dado con el megaterio... «la gran (mega-) bestia (-terio)».

Fue precisamente George Cuvier quien acabó estudiando y dando nombre, en 1796, al espécimen celosamente protegido en el Real Gabinete: *Megatherium americanum*. No era un animal del presente, sino del pasado: un ser extinto. Cuando hablamos de fósiles normalmente solo contamos con piezas parciales, pero en este caso se trataba de un esqueleto completo que hoy se exhibe en el pabellón de geología y paleontología del Museo Nacional de Ciencias Naturales de Madrid. Un esqueleto que jamás contempló el naturalista responsable de su bautizo. Exacto. Cuvier no se desplazó hasta la capital vecina. Desde París, y demostrando que los orígenes del teletrabajo ya se remontan a la Ilustración —él se consideraba un científico de gabinete—, analizó los dibujos esbozados a partir de la reconstrucción del cortesano megaterio.

Pronto vio que existía gran parecido entre este animal, de enorme tamaño, y los pequeños perezosos de las selvas americanas. Las garras con forma de garfio que otros habían considerado como propias de un feroz depredador, resultaban similares, salvando la diferencia de escala, a las de estos mamíferos que las utilizan para colgarse y moverse por las ramas de los árboles, además de arma defensiva. ¿El megaterio también había sido arborícola? Dada la talla corporal, cinco metros, era más que improbable... imposible. Con las leyes de la física hemos topado. Sin duda, se trataba de gigantescos perezosos terrestres.

Para la mente preclara de George Cuvier, ¿cómo podía entenderse que la divinidad hubiera creado una versión XXXL del pequeño perezoso? El 23 de octubre del 4004 a. C., siempre según los cálculos de Ussher, había tenido lugar la génesis de todas las especies vivas a semejanza de lo que son en la actualidad. ¿Dónde estaban ahí los megaterios? Por supuesto que no embarcaron en el arca de Noé, de lo contrario hubieran vivido durante el reinado de Carlos III. Como tampoco tuvo pasaje otra pareja a la que Cuvier también dedicó tiempo e intelecto: *madame et monsieur* Mamut.

Niños expoliadores y jugando a ser Cuvier... en el museo

Dicen que el escritor Charles Lutwidge Dodgson, más conocido como Lewis Carroll, pasaba muchas horas paseando entre las vitrinas de uno de los museos más acogedores y atractivos que jamás he conocido: el Museo de Historia Natural de la Universidad de Oxford. Hoy mantiene el mismo encanto con el que fue construido en plena ebullición de las ciencias naturales en Gran Bretaña, el siglo XIX. Los arcos del claustro, en la planta baja, están acompañados por las esculturas de eminentes científicos. Por ejemplo, de forma opuesta al portalón de madera que protege la entrada principal, figuran dos ilustres británicos, uno junto al otro. A la izquierda, el pensativo Charles R. Darwin, con larga barba y cubierto por su capa, parece inmerso en una nueva teoría y, a la derecha, Isaac Newton elucubra sobre las leyes de la gravitación mientras observa la manzana caída a sus pies. Sería genial, como en la película *Una noche en el museo*, quedarse escondido tras el *Tyrannosaurus rex* o el *Iguanodon* y comprobar si, durante el crepúsculo, tanto las estatuas humanas como los esqueletos de dinosaurio cobran vida. Incluido el famoso dodo.

En efecto, el dodo, el ave extinta de la isla de Mauricio, y otros especímenes inspiraron a Carroll para algunos de sus figurantes literarios. El Museo de Historia Natural y los parajes de Oxfordshire fueron así la musa para obras tan fascinantes como *Alicia en el país de las maravillas*. Mi musa y mi país de las maravillas se hallan en un paraje barcelonés que me marcó desde muy pequeño: el parque de la Ciutadella. Allí no solo se ubica un enorme jardín al aire libre, sino el umbráculo y el invernadero. Además, está el zoo y el castell dels Tres Dragons, un majestuoso edificio modernista levantado para la Exposición Universal de Barcelona (1888). Durante mi infancia, y como todavía rezan las letras capitales góticas de la fachada principal, era el Museo de Zoología. Allí, de la mano de mi padre, tanto en la sala de la ballena, como en las colecciones de la primera planta, descubrí algunos de los personajes que, tanto en su versión fósil como de carne y hueso, hoy estudio en selvas, sabanas y océanos.

La vocación naturalista, en gran parte, se despertó entre aquellas paredes, pero sin olvidar otro recinto vecino: el Museo Martorell. El primer museo público de Barcelona, fundado en 1878 a partir del legado de un ávido coleccionista y erudito autodidacta: Francesc Martorell i Peña. Cuatro años después se inauguraba este Museo de Ciencias Naturales y Arqueología que más tarde, en 1924, con el traslado de algunos de sus fondos a otras instituciones pasaría a ser el Museo de Geología. Hoy, tras la unificación del Museo Martorell con el castell dels Tres Dragons, el Jardín Botánico de Montjuïc y la sede del Fòrum, configuran una gran y prestigiosa institución: el Museo de Ciencias Naturales de Barcelona.

Todos los sábados, recalábamos José Luis Serrano y yo en la Ciutadella; éramos ajenos a una sombra que planeaba por la sala de paleontología: la de George Cuvier. Entonces cursábamos estudios de primaria, pero, para acrecentar nuestra fama de bichos raros, durante un tiempo nos dedicamos a la búsqueda de antiguas culturas perdidas en el vecino y pequeño bosque de Can Buxeres, en L'Hospitalet de Llobregat. Veíamos demasiadas películas por lo que, para las expediciones, incluso contamos con un sufrido porteador: mi hermano Lluís. Armados de navajas suizas, palas, rastrillos y cubos de playa, esquivando al guardia urbano que hacía la ronda, conseguimos abrir un boquete que, de haberse descubierto, hubiera hecho las delicias de todo expoliador de tesoros además de una amonestación por parte de las autoridades locales. La experiencia que teníamos con fósiles de animales y artefactos paleolíticos se limitaba a unos cuantos libros y a la pobre colección particular, por lo que no hacíamos más que extraer kilos y kilos de pedruscos con dudosos criterios científicos: solo escogíamos los que destacaban por forma y color. A mi hermano le tocaba acarrear la pesada carga desde el yacimiento hasta casa, mientras José Luis y yo discutíamos en plan académico. Tras el correspondiente lavado, etiquetado y embolsado finalmente seleccionábamos las evidencias que llevaríamos a la Ciutadella.

Eufóricos, era el momento de subir al tren con destino a Barcelona; en los bolsillos viajaba el valioso tesoro. Una vez en el Museo de

Geología dejábamos las bolsitas al bedel de la entrada, con el que ya habíamos entablado amistad, y añadíamos un mensaje: «Por favor, podrían identificar estas piedras. Gracias». Las conservadoras y conservadores, a la semana siguiente, salían de su laboratorio para explicarnos, muy amablemente, que esa piedra semiesférica —la que se nos había antojado como perteneciente a algún refinado artefacto prehistórico— era, en realidad, una caliza erosionada por la riera: un simple guijarro partido por la mitad. Pero, sin estas inocentes escapadas naturalistas, quizá no habríamos conocido la auténtica historia del mamut de la Ciutadella. Y es que, muy cerca de la cascada monumental, miles de visitantes se fotografían a los pies de un gigantesco paquidermo pétreo.

Con base en el parque de la Ciutadella, y con anterioridad a las novelas de *sir* Arthur Conan Doyle (*El mundo perdido*) y Michael Crichton (*Parque Jurásico*), el entusiasmo de Jaume Almera, Artur Bofill y Norbert Font i Sagué, auspiciados por la Junta Municipal de Ciencias Naturales del Ayuntamiento de Barcelona, hizo posible un ambicioso proyecto: crear una colección de reproducciones, a escala natural, de algunos de los grandes animales del pasado que vivieron en Cataluña. La idea se formalizó en 1906, y en 1907 se levantó el emblemático mamut, obra del escultor Miquel Dalmau. Pero ¿y el resto de los colosos? Jamás vieron la luz. Aun así, en los fondos del Museo Martorell se conservan las maquetas de los dinosaurios, mamíferos y un ave que habían de acompañar al lanudo proboscídeo. Destacan el *Iguanodon*, un *Diplodocus* y un *Triceratops*, así como el *Glyptodon* (el pariente gigante de los armadillos) y el *Aepyornis* (un ave de tres metros de altura). Todos ellos representantes de diferentes épocas de un mismo «mundo perdido».

De haberse plasmado, hoy caminaríamos, como el profesor Challenger y el paleontólogo Alan Grant, entre dinosaurios jurásicos y grandes mamíferos del Cuaternario, pero siempre nos quedará el mamut de la Ciutadella. Lo curioso es que uno como él vivió en Barcelona hace milenios. El año 1922, durante los trabajos en una finca privada de la avenida Pearson (Sarrià), se descubrieron los fósiles pertenecientes a un ejemplar bastante bien conservado. Muchos de estos restos se hallaban en el Museo de Geología y allí, estupefactos ante la contemplación de aquel tesoro del pasado, José Luis y yo decidimos que sacaríamos uno igual de nuestra excavación pirata en el palacete de Can Buxeres. Quién nos iba a decir que, años más tarde, ya como arqueólogo y naturalista «legal», me reencontraría de nuevo con ellos, pero esta vez acompañado de mis alumnas y alumnos y, cómo no, de la sombra de Cuvier.

El equipo del Museo de Ciencias Naturales de Barcelona —años antes de que la exhibición pública migrara de la Ciutadella a la nueva sede del Fòrum— había dispuesto un larguísimo y ancho cajón sobre el que estaban colocados, en posición anatómica, los restos del mamut de la avenida Pearson. Así, en las visitas de estudios al antiguo pabellón de paleontología del Museo Martorell, tras rendir obligada pleitesía a la escultura del mamut, siempre planteé que jugásemos a ser George Cuvier: ¿un antievolucionista en clase de evolución? Los estudiantes tenían que escrutar los fósiles del paquidermo prehistórico, y era muy importante que se fijaran en todos los detalles de la mandíbula, perfectamente conservada. La segunda parte de las pesquisas se ubicaba dentro de la siguiente etapa del safari urbano; a unas pocas decenas de metros, en las colecciones zoológicas del castell dels Tres Dragons.

El ritual iniciático no había variado desde la época en que fuimos niños expoliadores y soñadores: recorrer la sala de la ballena —un imponente esqueleto de rorcual que varó en la Costa Brava un verano de 1862— y ascender por las escaleras de mármol hasta la primera planta. Una vez allí, serpenteando entre flamencos, percebes, serpientes y lobos, se trataba de conducir a la comitiva hasta la vitrina que contenía varios huesos de elefantes africanos y asiáticos procedentes del zoo. Luego de unos minutos de pesquisas, las deducciones de los que ahora ya son buenos arqueólogos y destacadas paleontólogas no se hacían esperar: la mandíbula del elefante actual era casi idéntica a la del mamut que habían visto minutos antes.

Igual que Carroll buscó el dodo en Oxford, era el momento para imaginarse a Cuvier oculto y sonriendo tras una columna. Como impulsor de la anatomía comparada, se hubiera mostrado satisfecho de sentar cátedra en las generaciones futuras. En cambio, le habría disgustado la lúcida opinión de Elena; para ella estaba claro que la evidente proximidad anatómica entre elefantes y mamuts se debía al parentesco entre los proboscídeos del pasado y el presente.

El mamut es un primo del elefante actual; es decir, de la misma manera que los elefantes africanos (*Loxodonta*) y los elefantes asiáticos (*Elephas maximus*) comparten un ancestro común —de ahí su semejanza—, también lo comparten con el mamut. *«Jamais... pas du tout!»*, habría protestado el naturalista francés. Y es que Cuvier se cuidó de negar cualquier relación de parentesco y, mucho menos evolutiva, entre uno de sus «juguetes» preferidos en París —los fascinantes restos fósiles del flamante *Mammuthus primigenius*— y el terrenal elefante.

DRAGONES, SANTOS, MAMUTS, ELEFANTES Y DILUVIOS

George Cuvier, en 1796, estudió los huesos de un enorme animal que algunos de sus colegas habían atribuido a elefantes contemporáneos; procedían del norte de Europa. Pero pocas cosas se le escapaban al genial anatomista. Pronto afirmó que se trataba de una nueva especie, aunque extinta; y otros acuñaron el término de *Mammuthus primigenius*. Casi en paralelo, Cuvier venía de bautizar aquel otro espécimen extinto procedente de Argentina y exhibido en Madrid: el *Megatherium americanum*. ¿Cómo cuadraba esto en la mente de un antievolucionista?

Según la visión creacionista e inmutable de la naturaleza, estaba claro que el megaterio y el mamut suponían un problema... ambas piezas no encajaban. Y Cuvier era consciente de ello. A semejanza de otros fósiles —desde los pequeños trilobites hasta los peces que, petrificados, podían recolectarse en tierra firme—, algunos animales parecían formar parte de un mundo perdido perteneciente al pasado; un mundo extinto que, de no encontrar la explicación adecuada, pondría en duda la perfección e inmutabilidad de la creación narrada en el

Génesis. ¿Todo se desmoronaba por culpa de un perezoso gigante y un elefántido de colmillos curvados? El ingenio de Cuvier, el mismo que había conseguido aparcar las revolucionarias ideas evolucionistas de Lamarck, se puso a maquinar la cuadratura del círculo... y lo consiguió; dio con la solución. Hilvanó una teoría que, por enésima vez, excluía a la naturaleza; no había lugar para la libertad y rebelión animal, pues todo seguía dependiendo de la perfección y designios divinos. La teoría catastrofista.

El gradualismo planteado por Lamarck para la evolución del cuello de su jirafa fue eclipsado y ridiculizado en época de Cuvier. Los cambios geológicos y biológicos en la Tierra se habían producido a partir de cambios repentinos y violentos: las catástrofes. A lo largo de la historia del planeta, según Cuvier, existieron diferentes creaciones y extinciones. Por ejemplo, Dios creó a los amonites, los trilobites y otros seres marinos hasta que decidió acabar con ellos por medio de un gran diluvio universal. A continuación, la divinidad creó a otros seres y, una vez más, los fulminó por medio de una catástrofe natural. Y así, sucesivamente, hasta llegar a la era de los grandes gigantes, como el megaterio o el majestuoso mamut, los cuales, tras un cataclismo lanzado por el todopoderoso, también fueron barridos de la faz de la tierra hasta convertirse en duros fósiles. Finalmente, llegó la creación de los seres actuales, entre ellos, el ser humano. La teoría catastrofista, sin duda, haría las delicias de Hollywood con sus filmes apocalípticos.

El orden inmovilista había quedado restablecido. Si bien es cierto que, al principio, la Iglesia no vio con demasiados buenos ojos hablar de creaciones y diluvios sucesivos, al final miró hacia otro lado: el razonamiento de George Cuvier suponía un mal menor. Se ajustaba a la perfección al credo creacionista —pues las órdenes venían impuestas desde arriba— a la vez que solucionaba una realidad incómoda ya en pleno siglo XVIII: la existencia de una serie de fósiles incordiantes cuya naturaleza cada vez era más difícil de disimular y explicar. Sin ir más lejos, los antiguos romanos coleccionaron fósiles que atribuyeron a animales gigantescos y, muchas veces, míticos.

Al recalar en la bella Nápoles, la ciudad fundada por la sirena Parténope, es recomendable tomar el ferri para desplazarse hasta la cercana isla de Capri. Y no para adentrarse en los ambientes de la *dolce vita* —ni el presupuesto, los intereses y el vestuario de este primate nómada encajan con el perfil—, sino para sumergirse, una vez más, en las fantásticas colecciones del Museo Ignazio Cerio. El naturalista local, desde mediados del siglo XIX, recolectó miles de objetos para su extraordinario gabinete de curiosidades: minerales, plantas, animales y muchos restos fósiles, tanto arqueológicos como paleontológicos. Precisamente, fue la gran pasión por el estudio del pasado lo que le llevó a determinar que en Capri existió un ciervo enano; y en momentos anteriores, pues la isla estuvo unida al continente, incluso enormes elefántidos: el mamut de la Ciutadella y de George Cuvier. Todo encajaba con las antiguas fuentes escritas. Dice Suetonio que los romanos, cuando removieron el terreno para construir la villa de Augusto en Capri, encontraron cráneos y huesos de extraños seres gigantes.

La villa de Augusto hoy no existe, por lo que hemos de conformarnos con ascender el monte Tiberio para visitar las ruinas arqueológicas de Villa Jovis; el sucesor de Augusto en el cargo, Tiberio Julio César Augusto, tuvo caprichos parecidos y también se decantó por la vida capriense. El desnivel es solo de unos trescientos metros, pero el calor aprieta en verano. Con la vieja camisa todavía empapada en sudor —no doy el perfil de galán latino—, y mientras observo las extraordinarias vistas desde la atalaya natural, siempre intento reconstruir mentalmente cómo debió de ser adentrarse en las desaparecidas propiedades del padre adoptivo de Tiberio. Quizá algo similar a cuando ando entre las colecciones paleontológicas de Ignazio Cerio; y es que, valiéndonos otra vez de Suetonio, sabemos que Augusto decoró su mansión con los monstruos y bestias que creyó ver en aquellos huesos gigantes petrificados; procedían de un mundo bajo tierra. Con toda probabilidad, entre ellos, se encontrasen cráneos, fémures y colmillos de mamut, grandes osos cavernarios o el mismísimo rinoceronte. Todo un museo de historia natural en época de la antigua Roma.

Algo parecido, pero con una finalidad muy diferente, ocurrió con los extraños huesos hallados durante la época cristiana. Podemos imaginar —todavía ocurre— a una campesina arando el campo, o a un picapedrero trabajando en una cantera, y descubriendo una vértebra, costilla o falange colosales. En la actualidad sabemos que pueden ser vestigios fósiles de una ballena, o de un dinosaurio, pero en la Edad Media, y momentos posteriores, fueron inoportunos hallazgos que las tradiciones y leyendas paganas vincularon a ogros y dragones; por lo que fue necesario vehicularlos hacia el propio interés de parroquias y autoridades eclesiásticas. Así, no es extraño que las reliquias atribuidas a algunos santos y santas hayan acabado siendo identificadas, por parte de arqueozoólogos y paleontólogos, como pertenecientes a especies animales de naturaleza muy diversa y para nada divina.

En pocas palabras, el atrevimiento de Cuvier por fin hizo respirar tranquilos a los que no sabían cómo seguir acallando y escondiendo lo evidente: ¡estábamos rodeados de fósiles que correspondían a diferentes épocas! No eran dragones ni santos, sino animales del pasado. Pero continuaban siendo una obra de Dios. Seguía sin haber posibilidad para el cambio... para la evolución. Un mamut fue diseñado como mamut y, como mamut se extinguió; y el elefante actual, aun siendo muy parecido a los paquidermos de piedra, respondía a una caprichosa creación independiente, sin vínculo alguno que lo uniese con su homólogo extinto. Lo mismo que el megaterio respecto del perezoso actual.

El juego de Cuvier fue aceptado porque, en lo concerniente a la geología y a la biología, negaba toda transición o evolución en el tiempo. Las diferentes etapas geológicas, y sus respectivos inquilinos, eran creaciones divinas aisladas. Metafóricamente hablando, pasábamos de una única arca de Noé, a una flota de naves que surcaron los mares, tras diluvios y otras catástrofes, con un pasaje cada vez diferente. Salvo los humanos que, con el modelo de Adán y Eva todavía en mente, estaban por encima de la naturaleza; seguíamos siendo diosas y dioses intocables: la especie elegida.

Tanto es así que, cuando personajes de la talla de Charles R. Darwin y Alfred R. Wallace atentaron contra tan valioso bastión del antropocentrismo, fueron ninguneados incluso por sus colegas en la academia. La idea darwiniana de un ancestro común, a partir del cual, sin ayuda divina, habían evolucionado todas las formas vivas del planeta, atentaba contra el pedigrí humano: «¡No podíamos descender de algo parecido a una col, o un miserable gusano!», gritaron viejos y anquilosados catedráticos hasta bien entrado el siglo XX.

Capítulo 4

El laboratorio de la evolución

La pesadilla de Darwin

En el pequeño municipio de Downe, Inglaterra, se halla la mansión de los Darwin: Down House. La casa, tras haber sido utilizada como internado para niñas a principios del siglo XX, fue recuperada para la ciencia y restaurada hasta convertirse en museo. El tesón por rescatar gran parte del patrimonio familiar (mobiliario y complementos originales), junto con la gran ayuda que prestaron las fotografías que Leonard —unos de los hijos de Darwin— había tomado de los interiores y exteriores de la casa, han hecho renacer a Down House en el presente; un lugar de obligado peregrinaje para todo darwinista.

En la actualidad uno puede profanar el gabinete de estudio donde el eminente naturalista, tras su viaje a bordo del *HMS Beagle* y el primer domicilio familiar en Londres, realizaba las disecciones de percebes, redactaba sus escritos y respondía la correspondencia. Además, en el exterior topas con el jardín del que tan orgullosa estaba su esposa y prima, Emma, y donde jugaba la prolífica prole del matrimonio. También está el pequeño invernadero que Darwin inundó de orquídeas, plantas carnívoras y trepadoras: las protagonistas principales de algunas de sus monografías más desconocidas para el gran público, pero de gran importancia para la ciencia. Y el *sand-walk*.

Darwin regresó enfermo de la circunnavegación por el planeta. Probablemente aquejado del mal de Chagas, una enfermedad endémica de algunos países de América del Sur que es transmitida por un pequeño animal: la vinchuca. Como descubriremos más tarde, cuando hablemos del problema que supone transgredir la naturaleza sin considerar las consecuencias, estuvo en contacto con el vector de contagio. Es más, él mismo describe en su diario cómo se hizo picar varias veces por el hemíptero para confirmar —ejemplo extremo de naturalista entregado a la ciencia— lo que ya le habían explicado los lugareños. Detalla, de forma concienzuda, que el cuerpo de la vinchuca se hinchaba de sangre a medida que le vampirizaba. Lástima que, en aquel momento, no supiera del parásito causante de tan grave enfermedad, una de cuyas manifestaciones es la fatiga y el malestar en la persona aquejada.

El aún joven Charles, tal como detalla en sus anotaciones sobre los síntomas y evolución del estado de salud que le martirizaba, se recluyó en la campiña inglesa buscando mayor salubridad; quería vivir lejos del ruido y ajetreo de Londres. Aunque también ansiaba la posibilidad de aislarse y concentrarse en la elaboración de las ideas que rondaban por una cabeza siempre en ebullición; unas ideas que se transformaron en un mal sueño.

La pesadilla de Darwin es el motivo central de una emotiva película británica: *Creation* (titulada en España *La duda de Darwin*). El filme se basa en un libro, *La caja de Annie*, escrito por Randal Keynes, el tataranieto de nuestro protagonista. Producida en 2009 por la BBC, recrea a la perfección cómo Darwin —un creíble e inmenso Paul Bettany en la pantalla— no solo regresó enfermo del viaje a bordo del *HMS Beagle*, sino perseguido por un mar de dudas y evidencias que le torturaron durante años. No hacía más que dar vueltas a la posibilidad de un mundo cambiante y mutable.

Otrora matriculado en la Universidad de Cambridge —la que fuera hogar de John Lightfoot, el vicerrector que afinó la cronología creacionista—, el joven Charles había estudiado Teología. En efecto, aunque el deseo familiar es que hubiera sido médico, siguiendo los pasos del abuelo, del padre y del hermano mayor, su aprensión a la visión de la sangre durante las intervenciones quirúrgicas sin anestesia le alejó de las aulas de la Facultad de Medicina de Edimburgo. Si a esto le añadimos una especial inclinación por la vida disipada (cacerías, juegos de cartas y fiestas con los amigos), su paciente progenitor, harto de tanto esnobismo, decidió trasladarlo al Christ College de Cambridge. Los Darwin no eran gente religiosa, pero descartada una carrera como galeno, la posibilidad de acabar ejerciendo de pastor en una parroquia inglesa —esos personajes tan presentes en las novelas de Jane Austen— tampoco era mala opción: podían casarse, poseer rentas y propiedades, además de elevado prestigio social.

En Cambridge, Darwin profundizó y creyó en los fundamentos de la teología natural y debido a ello, según explican algunos de sus compañeros, se mofó del posicionamiento preevolucionista del abuelo Erasmus —con el tiempo rectificaría dedicándole un maravilloso libro—, y rechazó de pleno las tesis evolucionistas del caballero de Lamarck. Es más, el catastrofismo y antievolucionismo de George Cuvier habían desembarcado con éxito en las islas británicas. En este sentido, uno de los acólitos ingleses más fieles a Cuvier fue Richard Owen; otra fiera de la anatomía comparada. Hablaremos más tarde de él pues, con el permiso de *sir* Arthur Conan Doyle, lo considero el profesor Moriarty de Darwin.

Ahora bien, y por suerte para la ciencia, el Darwin estudiante no solo se empapó de las disquisiciones de ese cosmos inmutable creado por un relojero de precisión. También recibió lecciones de algunos de sus mentores en Cambridge. Eran teólogos, incluso sacerdotes, pero a la vez muy interesados por las ciencias naturales. Cabe destacar a John Stevens Henslow, consumado botánico que introdujo a su querido discípulo en los fundamentos de la recolección, clasificación y disección de especímenes; así como a Adam Sedgwick, geólogo con el que Darwin descubrió cómo era posible realizar un viaje por el tiempo. Jamás olvidó las excursiones universitarias en las que el experto en la lectura del registro geológico le indicaba dónde hubo una playa fósil con solo mirar las rocas que configuraban un paisaje ahora alejado de todo mar.

Más tarde, a punto de zarpar con destino a los confines del mundo, leyó el primer volumen de los *Principios de geología,* de Charles Lyell. En la línea de lo indicado por el conde de Buffon, la Tierra parecía tener millones de años de historia y no los escasos seis milenios calculados por los creacionistas. Lyell brindaba una escalera con la que estudiar y entender el dinamismo terrestre: la estratigrafía. Los estratos superiores eran más modernos, y, a medida que los descendíamos, éramos capaces de profundizar hasta la génesis del planeta.

En efecto, gracias a la geología moderna, la Tierra empezaba a escapar de una creación inmutable. Aunque Sedgwick y Lyell fueran convencidos creacionistas, los geólogos vieron que lejos de ser un mundo que no había recibido cambios desde su formación, nuestro planeta era un ente dinámico y mutable: terremotos, fallas, levantamiento de cordilleras y erosión provocada por ríos, mares, erupciones, vientos, lluvias o glaciares, etc. Esto fue primordial para que nuestro teólogo, aprendiz de naturalista, quisiera seguir los pasos de un geógrafo y viajero apasionado por las islas Canarias y la Avenida de los Volcanes de Ecuador: Alexander von Humboldt. Darwin devoró, durante su estancia en Cambridge, la parte del *Viaje a las regiones equinocciales del Nuevo Mundo* donde el alemán describía el vulcanismo del archipiélago canario. Unos quedan prendados por la forma del continente africano en el atlas escolar y sueñan con África cada día, y a Darwin se le puso entre ceja y ceja organizar una expedición científica con destino a Tenerife: quería estudiar el Teide muy de cerca.

Pisar el Teide no fue posible, pero debido a una serie de carambolas, casualidades y empeño, Darwin sí contó con la oportunidad de embarcar a bordo del *HMS Beagle*. Un pequeño bergantín, comandado por el capitán Robert FitzRoy, que tenía la misión de cartografiar y realizar investigaciones hidrográficas en Tierra del Fuego. Y, precisamente, antes de arribar a América, una de las escalas previstas entusiasmó a Charles: las Canarias. Lamentablemente, el brote de cólera desatado en Tenerife —aparece otra vez la amenaza pandémica— hizo que no pudieran desembarcar, solo fondear. El seguidor de Humboldt tuvo que conformarse con la visión del volcán desde la cubierta. Pero vendrían otros imprevistos en forma de maravillas naturales. Y es que la expedición, inicialmente programada para dos años de navegación, fue prorrogada a cinco: de 1831 a 1836. El teólogo, aceptado como pasajero y acompañante de FitzRoy —no era el naturalista oficial—, gozó con la oportunidad de realizar una especie de carrera no reglada.

Gracias a unas innatas dotes de observación y reflexión, el viaje supuso para Darwin una experiencia única, además del inicio de la pesadilla con la que pocos podrían y querrían haber lidiado. El durante y después de la expedición le permitieron replantear cómo funcionaba realmente la naturaleza; algo tan revolucionario, para la época, como aparcar a la divinidad de su cargo. En la ya citada película *Creation*, Thomas H. Huxley, al que todos llamaban el Bulldog de Darwin, tras acompañarle en uno de los paseos por el *sandwalk*, le dice: «Usted ha matado a Dios». La cara y expresión de Charles es la del que se le aparecen todos los fantasmas y espectros de una terrible pesadilla. No era para menos.

Luces y sombras de una teoría

Con un buen calzado, y bien abrigado, salgo por la puerta que da al jardín. En Down House es fácil emular un día en la vida de Darwin. Metódico y disciplinado, ya poco quedaba de aquel disipado y voluble juerguista de la época estudiantil en Edimburgo y Cambridge; cada jornada era casi exacta a la anterior. Los mismos hábitos, los mismos horarios. Aun a pesar de las migrañas, los desórdenes estomacales y la fatiga que le atormentaron casi a diario, se dice que es el científico con mayor producción escrita. Un trabajador nato. Y su paseo diario por el *sandwalk* también formaba parte de dicho proceso creativo. Era el momento de pensar y reflexionar acerca de lo leído, estudiado y observado... Todo era cuidadosamente anotado en los cuadernos rojos.

Allí, en el exterior, circulan algunos voluntarios del English Heritage. Unos visten con traje, gorra de *tweed,* y las inconfundibles botas de caucho color caqui; otras, con blusas estampadas, encajes y rebecas de punto. En el condado de Kent hay lujosas mansiones, y el porte sosegado, los poblados bigotes y las pamelas de paja transportan a una novela de Agatha Christie, o a las escenas costumbristas de *Downton Abbey*. ¿Una profesora de literatura o un viejo coronel retirados? Sea como sea, manejan bien la carretilla y la pala mientras abonan los parterres. Hace mucho tiempo, con motivo de mi primera visita, uno de los voluntarios fue quien me indicó dónde estaba la famosa piedra de molino que Darwin mandó colocar sobre el cuidado *green*; un experimento destinado a confirmar sus sospechas sobre la acción de las lombrices de tierra.

Los anélidos, a medida que tragan el sustrato, excavan profundas y largas galerías; lo cual no solo remueve el suelo, sino que de existir algo pesado encima —como los grandes megalitos de Stonehenge—, dicho cuerpo puede hundirse gradualmente. Y Darwin quiso medirlo colocando una vara milimetrada en el eje del sólido disco de piedra. Era una historia fascinante, y prometí que en Down House iría a la caza de la rueda de molino. ¿Todavía existía o ya habría sido retirada? Eran años en los que casi no había señalización en la casa-museo; hoy, en cambio, la entrada incluye una fantástica audioguía narrada por la inconfundible locución de *sir* David Attenborough. La misión no se presentaba nada fácil, pues la zona ajardinada era enorme. Por eso agradecí la ayuda del caballero que, tras escuchar con impasibilidad flemática tan extraña disertación sobre lombrices, Darwin y una posible piedra de molino, decidió aparcar sus obligaciones para acompañar al excéntrico forastero. Aquel anciano, mientras buscábamos la famosa piedra, se me antojó que podría haber sido el doble de Peter Cushing o Christopher Plummer en una película de Sherlock Holmes. Guardaba cierto parecido físico con el personaje, pero también habilidades como detective: no se detuvo hasta dar con el lugar. Tras unos rosales estaba la piedra de molino completamente hundida. Supongo que nadie entendió por qué aquel visitante, pies grandes, además de estar a punto de aplastar alguna que otra flor *—I'm sorry—*, se alegraba tanto ante la contemplación de un disco pétreo casi invisible. Más cuando estaba rodeado de espléndidos ejemplares florales.

De flores hubiera hablado Darwin con su jardinero. También debatía con los colombófilos en los *pubs* de la zona. Invitaba a los criadores de palomas para que, entre pinta y pinta de cerveza, henchidos de orgullo, le explicaran cómo habían conseguido los especímenes que serían presentados a premios y concursos. La dinámica era parecida a lo que, desde el Neolítico, sucedió con los cerdos, ovejas, cabras, vacas o caballos domésticos a partir de sus respectivos ancestros salvajes. Los criadores de palomas, mediante la selección artificial, escogían aquellos ejemplares con mayor capacidad de vuelo, o plumas más espectaculares, y los cruzaban hasta conseguir razas de palomas mensajeras y de exhibición. Igual que el jardinero con las flores. A golpe de forzar hibridaciones se obtenían variedades ornamentales con pétalos de mayor o menor tamaño, colores y tonalidades diversas, tallo más resistente, etc. Por lo tanto, los seres vivos eran capaces de variar.

Es cierto que, en el caso de la domesticación de plantas y animales, el agente promotor de la mutabilidad no era otro que el ser humano; consecuentemente, estas variaciones respecto del tipo ancestral, no atentaban contra el *establishment* del siglo XIX. Para nada suponían una idea peligrosa; existía el beneplácito de la divinidad. Las mismas sociedades agrícolas y ganaderas, desde tiempos prehistóricos, habían rendido culto a los dioses para ser agraciados con buenas cosechas y el nacimiento de más animales. Pero Darwin, ante las muchas variedades de seres vivos que había observado durante el viaje a bordo del *HMS Beagle*, empezó a pensar: ¿acaso la naturaleza podría haber actuado de forma parecida a un jardinero o un colombófilo?

Los criadores humanos seleccionaban, artificialmente, entre muchos atributos con el claro objetivo de conseguir la raza o variedad capaz de dar más carne, leche, lana, fuerza, compañía, semillas, frutos o belleza. Se quedaban con los mejores ejemplares y eliminaban a los que no eran acordes a sus intereses. Entonces, ¿era posible que la naturaleza también seleccionara las características más aptas para la supervivencia de un individuo en el medio? ¿Sobrevivían así los individuos más aptos mientras que el resto no eran favorecidos? A partir de un ancestro común, ¿esto habría dado lugar a especies diferentes?

Sigamos a Darwin. Meditabundo levanta la cabeza solo para saludar al jardinero y proseguir con la rutina diaria. El pequeño invernadero está cerca, y pilla de camino hacia el *sandwalk*. Es un edificio acristalado, bajo y largo; en la entrada, un viejo barril sirve para almacenar el agua de lluvia procedente de los canalones. Allí miramos las plantas carnívoras —una mosca ha caído en la trampa—, las orquídeas y plantas trepadoras, hasta que salimos por el extremo opuesto para cruzar el huerto. Es el proveedor no solo de productos frescos para la cocina, sino de más datos y observaciones destinados a los trabajos sobre domesticación que realiza el naturalista inquilino. La siguiente etapa del paseo se halla fuera de los límites urbanizados de la mansión. Estamos a punto de entrar en el camino de tierra, el *sandwalk*, que conduce hasta un pequeño bosque. Andar el sendero no solo ofrece una espléndida panorámica de Down House y sus alrededores, sino que invita a reflexionar sobre qué tipo de ideas germinaban en la mente de Darwin.

El *sandwalk* devino crucial para el naturalista. Según mandase la climatología, pero también en función de su variable estado emocional, Darwin escogía entre seguir el camino hacia la izquierda, penetrando entonces en lo más frondoso y umbrío del bosquecillo, o hacia la derecha, para así bordear los árboles y recibir, en un día despejado el calor del sol. Sin duda, desde el punto de vista de la física, pero también en lo más introspectivo de la personalidad de Darwin, el *sandwalk* fue un camino de luz y sombra. A partir de la bifurcación solía dar cinco vueltas al circuito para pensar con calma, y al finalizar cada una de ellas apartaba un pequeño guijarro de sílex con la bota... era su particular cuentakilómetros.

Bajo la atenta mirada de las ardillas y el mutismo de los árboles, he pateado el *sandwalk* hasta la extenuación. Por más guijarros de sílex que aparto, mientras disecciono lo leído en monografías, diarios y abundante correspondencia personal, es imposible hacerse una idea de los difíciles momentos que hubo de sufrir Darwin durante su proceso de reconversión: el gran salto de una posición creacionista a una visión evolucionista. La vida abandonaba el diseño divino inamovible para, al fin, rebelarse y adquirir la libertad de la que, hasta ese momento, se le había privado.

Regreso a las Galápagos

Charles R. Darwin, al poco de llegar de su gran expedición —la que le permitió ampliar miras—, inició la redacción de una serie de cuadernos con cubiertas rojas. Se conservan todos. En uno de ellos, además de dibujar el esquema del primer árbol evolutivo, o filogenético, habla de la idea de selección natural: la gran pesadilla que le privaba del sueño, y que, como un espectro, se le aparecía en cualquier momento del día.

En Cambridge había estudiado la *Teología natural* de William Paley: la existencia de un Dios capaz de actuar como un preciso relojero. El universo, la Tierra, la vida y la humanidad habían sido creados para encajar a la perfección, y todo funcionaba bajo el control de la divinidad. Nacer, crecer y morir. La mujer de Darwin era una ferviente creyente, y los hijos del matrimonio se suponía que eran por obra de Dios. Pero todo eso empezaba a no cuadrar con lo que él había observado durante cinco años de viaje a bordo del *HMS Beagle*.

No solo estaba de acuerdo con el hecho de que la Tierra, como había leído en la obra de Lyell, era dinámica y tenía una edad de millones de años, sino que él mismo había hallado fósiles en las secuencias estratigráficas de los lugares que visitó. Nada parecía demostrar las sucesivas creaciones y extinciones de la teoría catastrofista de Cuvier; y, además, por ningún lado aparecían las pruebas de los diluvios.

La evidencia decía lo contrario. El registro paleontológico hablaba del cambio gradual de unas especies más antiguas a otras más recientes, todo apuntaba a procesos evolutivos. Ahí empezó a rondarle la idea de la selección natural. Pero ¿estaba en lo cierto? ¿Cómo dar con una manera de explicar que plantas y animales no obraban bajo los designios de Dios, sino de los de la naturaleza? Un colega, el ornitólogo John Gould, había estudiado las aves recolectadas por el *HMS Beagle* y le brindó datos muy interesantes; eran relativos a unos pequeños pájaros procedentes de las islas Galápagos. La prueba que estaba buscando; aunque no había por qué precipitarse, y Darwin prefirió esperar antes de dar a conocer sus ideas.

Darwin y Emma se casaron enamorados —otra vez los pormenorizados diarios del naturalista permiten saber todos los detalles al respecto—, pero también es cierto que, gracias al enlace, el futuro económico de ambos quedó más que asegurado. La dote procedente de la familia Wedgwood, más las rentas de Robert Darwin, otorgaron seguridad a la familia. Darwin jamás tuvo que aspirar a un puesto remunerado, por ejemplo, en la universidad, y pudo centrar todos sus esfuerzos en la producción científica. No había prisa para rendir cuentas a nadie. Estaba a punto de contentar a la academia con un trabajo sobre la formación y estructura de las barreras de coral y se había hecho con el gran público gracias a uno de los mejores libros sobre literatura de viajes: *Diario del viaje de un naturalista alrededor del mundo* (1839). Sin quererlo ni parecerlo, pues sus intervenciones públicas fueron las mínimas, era un personaje famoso, pero enclaustrado, voluntariamente, en Down House.

De todas formas, opino que Darwin lo hubiera dado todo por regresar a las islas Galápagos. Sin duda, habría sido una segunda mirada diferente, la de un científico con revolucionarias ideas agolpándose en su cabeza. Y es que el joven que embarcó junto a Robert FitzRoy todavía no era un naturalista experimentado. En realidad, la persona asignada para acompañar al capitán fue el mentor de Darwin en Cambridge: John Stevens Henslow. Este, recién casado y con un hijo a las puertas, delegó en su discípulo. Por lo tanto, a Charles le faltaba bagaje además de alma de lobo de mar; pasó buena parte de la travesía vomitando desayuno, almuerzo y cena por estribor, babor, popa o proa según soplase el viento. Así, tras cuatro años a bordo, cuando el *HMS Beagle* arribó al archipiélago de las Galápagos coincidió con un momento en el que Darwin estaba exhausto; una fatiga también compartida por la tripulación, desde el comandante hasta el grumete. Iban rumbo a casa y la nueva escala en las Galápagos no fue recibida, al inicio, con demasiado entusiasmo.

Allí habíamos dejado a Darwin, no solo persiguiendo «horrendos» reptiles antediluvianos —hemos visto cómo intentó cabalgar a lomos de tortugas gigantes y agarraba a las iguanas de la cola—, sino quejándose de haber desembarcado en unas islas con paisajes volcánicos que parecían sacados de una imagen más propia del purgatorio. Etapas anteriores del periplo le habían adentrado en frondosos parajes; en cambio, poner pie en aquellas costas insulares suponía andar sobre irregulares suelos de lavas en los que siempre era fácil cortarse, o caer por una grieta. Había que vigilar no solo con las largas y duras púas de los cactus candelabro y opuntias, sino que ropa y piel se desgarraban al intentar sortear las ramas de todo arbusto seco y espinoso. Los árboles, sin hojas, parecían esqueletos muertos, aunque no lo estaban, y, para mayor fastidio, el calor era asfixiante.

Pasado el berrinche inicial, todo cambió. La prospección de los volcanes transportó a Darwin hasta los tiempos de Cambridge, cuando soñaba con emular a Humboldt en las Canarias, y pronto descubrió que los hábitats insulares se multiplicaban a medida que uno caminaba desde la intransitable y calurosa costa hasta las zonas más altas, donde la vegetación era tan exuberante que parecía sacada de un bosque lluvioso continental. Y, cómo no, lo que al principio le habían parecido animales horripilantes, ahora empezaban a resultar fascinantes. Las iguanas terrestres se diferenciaban de las que vivían en el continente americano, pero, sobre todo, quedó maravillado con las iguanas marinas. Desde un punto de vista anatómico también eran muy parecidas a las continentales, pero su piel presentaba una tonalidad particular: eran negras y se camuflaban perfectamente entre las lavas del mismo color. Incluso habían aprendido a nadar y bucear con objeto de alimentarse de algas.

La película *Master and Commander,* basada en las novelas navales de Patrick O'Brian, sirve para imaginar cómo podría haber sido la llegada de un naturalista pionero a las islas Galápagos. La acción se sitúa en las guerras napoleónicas, en el antes de Darwin, y el capitán Jack Aubrey, para alegría del médico y naturalista Stephen Maturin —otra vez Paul Bettany en un papel cercano a la historia natural— decide que la *HMS Surprise* ponga rumbo hacia el archipiélago. Un jovencísimo guardiamarina y Maturin, junto con los marineros ávidos por tocar tierra, espían la costa insular con sus catalejos. La marinería se lamenta de no distinguir mujeres entre las lavas bañadas por el mar; en cambio, el pequeño cadete alerta al médico: ha visto una iguana lanzarse al mar. Maturin responde que es totalmente imposible, pues dichos reptiles son incapaces de nadar; a lo que el guardiamarina replica que esta iguana sí es capaz de hacerlo. Tras aumentar el listado de avistamientos con un cormorán no volador, también endémico de Galápagos, Stephen Maturin llega a la conclusión de que están siendo testigos del descubrimiento de dos nuevas especies desconocidas para la ciencia. Galápagos, sin duda, es un laboratorio viviente de la evolución, pero el naturalista aprendiz del *HMS Beagle* todavía no lo sabía; y de ahí algunos de los «errores» que cometió *in situ*.

Charles R. Darwin llegó tarde para describir a la iguana marina —fue tarea del zoólogo británico Thomas Bell en 1822— aunque, sin saberlo, en Galápagos dio con otra serie de especímenes que, al principio, no merecieron la atención debida. Lo que jamás habría podido adivinar es que la existencia de los mismos avivaría una futura pesadilla: la peligrosa idea sobre la selección natural. Afincado en Inglaterra, y mientras daba vueltas al asunto, buscó los argumentos que pudieran refrendar y dar solidez a su teoría; poco podía prever que había estado muy cerca... incluso los había tocado. Supo de ello gracias a las conclusiones aportadas por el ornitólogo John Gould. El Darwin posviaje, dotado de mayor perspectiva y madurez científicas, como hemos apuntado antes, seguro que nada más conocer el estudio de Gould habría hecho todo lo posible por regresar a las Galápagos. Tenía una asignatura pendiente con los pinzones.

El pico del pinzón

Cuando pisé las islas Galápagos por primera vez, lo hice acompañado de Charles R. Darwin. Sigue siendo motivo y fuente de inspiración para este primate nómada que jamás ha superado el nivel de principiante. Además de varios manuales de identificación sobre plantas, reptiles, aves y fauna marina, viajaba con dos libros de cabecera. Uno escrito por el propio Darwin: *Diario del viaje de un naturalista alrededor del mundo*; y por eso la tarjeta de embarque Quito-Baltra señalaba el capítulo donde nos narra su arribo al archipiélago en 1835. Y una segunda obra cuya lectura me había sorprendido gratamente: *El pico del pinzón*, de Jonathan Weiner. En ella se explica la trayectoria de una pareja de ornitólogos británicos, pero esta vez contemporáneos: Peter y Rosemary Grant. Con tesón y esfuerzo, el equipo de los Grant ha trabajado duro en el inhóspito islote de Daphne Mayor; vivir allí, aunque sea temporalmente, supone formar parte de una auténtica escuela de robinsones. Desde la década de 1970, estudian unas pequeñas aves que casi pasaron desapercibidas para el joven Darwin. Y es que, durante su estancia en Galápagos, además del cansancio que arrastraba, estuvo más interesado en la geología que en la biología de las islas. Hablemos de los pinzones... y de sus picos.

En las Galápagos opinan que solo Dios y Peter Grant son capaces de reconocer todas las especies de pinzones con un simple vistazo. Lo recoge Weiner en su libro, y es muy posible que eso fuera así en los años setenta. Hoy, muchos más individuos —y hablo de la vertiente física y terrenal— pueden identificarlos, pero se necesita tiempo y paciencia. Y no me refiero a las posibilidades de avistar alguna de estas aves sobre el terreno; son tan descaradas que, mientras enseñas el pasaporte a los guardaparques del aeropuerto de Baltra, ya las ves pegando saltitos por la pista de aterrizaje. Lo difícil es apreciar las pequeñas variaciones en la forma y longitud de su pico.

Estaba tan emocionado por observar a mis primeros «pinzones de Darwin» que casi no atiné a abrir las cremalleras de la mochila. Era necesario inspeccionar el equipaje en busca de frutas, y otros productos biológicos, que no deben introducirse en el frágil equilibrio ecológico insular; algo que no tuvieron en cuenta los piratas y balleneros, ni los naturalistas y primeros colonos que arribaron a las islas. La llegada de ratas, perros, gatos, burros, cerdos (chanchos) o cabras (chivos), además de animalillos mucho más pequeños, tuvo dramáticas e inmediatas consecuencias. Una vez abandonados, se asilvestraron y diezmaron la fauna autóctona. Además, la falta de depredadores naturales hizo que los forasteros proliferaran: las puestas de huevos de tortuga e iguana sufrieron el saqueo. A esto se sumó el hecho de que, en la mayoría de las islas, los quelonios habían sido recolectados, a miles, para servir como fuente de alimento vivo en los barcos. Apiladas en las bodegas, unas encima de las otras, las tortugas podían resistir meses sin necesidad de comer ni beber (así habían desembarcado sus ancestros enanos... en balsas flotantes). En poco tiempo, algunas especies de tortuga gigante se extinguieron para siempre, y otra estaba a punto de hacerlo. Precisamente, desde Baltra, antigua base aeronaval norteamericana durante la segunda guerra mundial, crucé en lancha el canal de Itabaca; me dirigía hacia la vecina isla de Santa Cruz. En su centro urbano más importante, Puerto Ayora, todavía vivía una mítica tortuga gigante: el Solitario Jorge.

El Solitario Jorge es el símbolo del Parque Nacional de Galápagos y, por extensión, un icono mundial en la lucha por la protección y conservación de las especies. Su silueta aparece en el logotipo del parque, y es el protagonista en todo tipo de camisetas, llaveros, tallas de madera y folletos turísticos. Incluso tuvo espacio en la prensa sensacionalista cuando siguieron, muy de cerca, la vida sexual de la tortuga gigante. Y es que Jorge, con motivo de una prospección zoológica, fue hallado en la lejana isla de la Pinta. Los investigadores, exceptuando algunos esqueletos, constataron que era el único ejemplar vivo de la ínsula y decidieron trasladarlo, para su seguridad, hasta Santa Cruz. Allí fue hospedado en uno de los corrales del Centro de Crianza del Parque Nacional de Galápagos y la Estación Científica Charles Darwin.

La acción del ser humano había condenado a otra especie de tortuga gigante a la extinción; con un único macho era imposible perpetuar su linaje a no ser que se consiguieran una o varias hembras. Pero ¿dónde? La Pinta es una isla fácil de inspeccionar y se certificó que allí no quedaban más tortugas. La única esperanza era dirigir los esfuerzos de búsqueda hacia los zoos públicos y privados. Si aún hoy el tráfico ilegal de animales vivos existe y genera pingües beneficios, en los años setenta la circulación de animales no solo se limitaba a los parques zoológicos y laboratorios, sino a las numerosas mascotas exóticas que estaban en manos de particulares. Se ofrecieron recompensas para dar con más tortugas originarias de la Pinta, pero las pesquisas resultaron infructuosas. Esto llevo a que, para perpetuar ni que fuera al menos una parte de los genes de Jorge, se buscasen hembras de otras islas cercanas. El problema es que pertenecían a especies diferentes; ¿por qué dicha diversidad de tortugas gigantes interislas? Volvamos al pico del pinzón y lo entenderemos.

La carretera que une el muelle del canal de Itabaca con la zona alta de Santa Cruz es una larga recta. A mi derecha, por la ventanilla, pude vislumbrar el islote de Daphne Menor y, a su vera, la mítica Daphne Mayor. Pensé en los Grant y en sus pinzones... ¿estaría allí el equipo de ornitólogos? Los que sí estaban enfrente de mí eran aquellos atrevidos pinzones que cruzaban la carretera con rápidos vuelos horizontales; de ahí que las señales advirtiesen sobre la necesidad de circular a muy baja velocidad. Para los conductores que, en sentido contrario, descendían por el inclinado trazado, habría supuesto una tentación el sobrepasar la limitación; pero, en Galápagos, el esfuerzo por la salvaguarda de la fauna no es solo misión de científicos y autoridades, sino de todos los isleños. El avatar alado en el centro del rombo amarillo pretende evitar que los pinzones mueran aplastados contra el parabrisas de los vehículos.

Me encontraba en el paraíso. Llevaba tan solo un par de horas en territorio galapagueño y ya había visto varios pinzones; eso sí, y sin ánimo de excusar a Darwin, me parecieron todos iguales. Los machos, como bien indicaban las guías de aves, eran totalmente negros, mientras que las hembras vestían plumaje grisáceo. Pero, por mucho que algunas de estas aves casi se posaran en el hombro, no pude medirles el pico; lo dejé para más tarde. Antes quise hacer una parada en la zona alta de la isla, donde la única vía principal cruza los fantásticos bosques de *Scalesia affinis*, un árbol endémico. Anduve el estrecho sendero, entre helechos, musgos y líquenes, y me adentré en Los Gemelos. Según había leído, además del pájaro brujo, allí se encontraba un tipo de pinzón cuyo macho no es negro, sino color café oliva: es el pinzón carpintero. Llevaba años escuchando hablar sobre él. En aquel momento, uno de mis mentores en la Universidad de Barcelona era el primatólogo Jordi Sabater Pi; el descubridor, en paralelo a Jane Goodall, de las herramientas fabricadas por los chimpancés para comer termitas en su hábitat natural. Y siempre que comentábamos el empleo de útiles en el mundo animal no solo citábamos, entre otros, a los monos capuchinos de Brasil, las nutrias de California o los córvidos de Nueva Caledonia, sino también a los pinzones carpinteros de las islas Galápagos.

El ser humano no es la única especie animal capaz de fabricar herramientas (otra vez el dichoso empeño en colocarnos como especie elegida). Nuestro habilidoso carpintero se hace con una púa de cactus, o una pequeña ramita, para extraer larvas del interior de los troncos. Y a falta de manos, emplea su pico. La herramienta deviene una extensión del pico del pinzón. En este sentido, durante los días siguientes, al saltar de isla en isla, pude observar pequeños pinzones, con diminutos picos, comiendo frutos en los árboles; otros rechonchos y con pico de cuervo —se me antojaron parecidos al malvado Pingüino de *Batman*—, en lo alto de los cactus; y a uno gigante terrestre (el *Geospiza magnirostris*) cuyo pico se parecía a una gran tenaza capaz de abrir las semillas locales de mayor dureza. Y muchos más que fui anotando en mi cuaderno. La clave, para identificar los diferentes tipos de pinzones en cada isla era mantener la vista clavada en su pico. Darwin lo obvió y, una vez capturados, había metido a todos los ejemplares dentro de un mismo saco: el saco de los pinzones de Galápagos.

¡Oh, capitán! ¡Mi capitán!

Recapitulemos. Darwin, una vez en tierra, cerca de los suyos, vio cómo todo el jovial entusiasmo de su etapa expedicionaria se había transformado en una severa angustia. El viaje a bordo del *HMS Beagle* le había permitido observar y estudiar la naturaleza de forma independiente a las conservadoras ideas que todavía corrían por Europa, pero en Inglaterra volvía a topar con ellas. Sentía que la pesadilla se hacía más insoportable. Sospechaba que la vida evolucionaba libremente, y no bajo los designios de ningún diseñador creado por la mente humana. Sus manos habían garabateado un primer árbol evolutivo en el Cuaderno B (1837-1838), aunque su mente seguía plagada de dudas. En el encabezamiento de la página con aquel árbol de la vida dibujado, Darwin escribió: *«I think»* (yo creo).

Las científicas y los científicos son humanos. Podemos tener dudas al respecto de nuestro sujeto de estudio, pero jamás podemos publicar un trabajo basándonos en creencias y sospechas, sino en evidencias empíricas. Por lo tanto, Darwin necesitaba estas evidencias. ¿Existían o andaba equivocado? ¿Qué había dentro de aquel saco con pajarillos taxidermizados?

Darwin pudo conocer varias islas de las Galápagos; se había fijado en los sinsontes o cucuves —unas aves en las que apreció ciertas diferencias—, pero, lo dicho, no hizo mucho caso al pico de los pinzones. Estas aves llegaron al Reino Unido y, junto con el resto de la avifauna de la expedición, fueron estudiadas por John Gould. El ornitólogo comunicó a Darwin que, una vez inspeccionado el interior del saco, había dado con más de una decena de nuevas especies de pinzones. Era para llevarse las manos a la cabeza: mientras capturaba pajarillos, tuvo al alcance de sus manos, y sombrero, los datos capaces de apoyar la hipótesis sobre la transmutación de las especies. La creencia sobre la selección natural habría podido convertirse en certeza, pero había desperdiciado la oportunidad por falta de rigor.

¿Falta de rigor? Darwin no era ornitólogo, ni tan siquiera naturalista consumado, cuando abordó el *HMS Beagle*; el haber sido incapaz de identificar, sobre el terreno, las pequeñas diferencias entre pinzones, no tendría que haber sido motivo de escarnio. Recordemos que solo estaba en manos de Dios, Peter Grant y, ahora, John Gould. En realidad, nuestro protagonista se arrepentía de otra cosa: un error de principiante. No había etiquetado, pieza por pieza, el contenido del saco, y resultaba imposible saber de qué isla procedía cada especie identificada por Gould.

La procedencia... un dato esencial para Darwin. Sabía de la existencia, en América continental, de varios tipos de pinzones. Era muy posible que una de estas especies colonizara las Encantadas y acabase distribuido por varias de sus islas e islotes. Las diferentes poblaciones aisladas, y en función de las condiciones ecológicas propias de cada ínsula (geología, clima, flora, fauna, etc.), habrían evolucionado siguiendo caminos separados hasta producirse una especiación. Diversas especies a partir de una ancestral. Donde la naturaleza era la encargada de seleccionar los atributos más aptos para la supervivencia del individuo enfrentado a un contexto ecológico particular. Y los picos fueron esenciales.

El jardinero de la casa familiar seleccionaba las flores con pétalos más bellos cuando se trataba de impresionar a los Darwin, o más resistentes si quería que durasen más tiempo decorando el jardín de Down House. Los colombófilos del *pub*, conseguían razas con plumas más o menos espectaculares, escogiendo y cruzando a sus palomas. En el caso de los pinzones, el humano no fue el diseñador artificial, ni tan siquiera la divinidad. Era la naturaleza; ella había seleccionado a los individuos que nacían con los picos mejor adaptados al medio. Los pinzones que se alimentan de frutos muy duros desarrollaron picos cortos y fuertes, tipo cizalla. Mientras que el del cactus común, que necesita buscar su comida entre las púas, está dotado de un pico largo y fino parecido a unas pinzas de electricista. Otros desarrollaron picos aptos para manipular objetos, como el pinzón carpintero, o para punzar las patas de los piqueros y beber así su sangre: hablamos del pinzón vampiro. El aislamiento, valga la redundancia, en diferentes islas favoreció la especiación. Pero ¿cómo demostrarlo? Darwin, no había tomado nota de la distribución geográfica de sus pinzones; sí lo había hecho un personaje del que solemos olvidarnos: el capitán Robert FitzRoy.

¡Oh, capitán! ¡Mi capitán! Cuando leo el poema de Walt Whitman no solo pienso en el profesor Keating y *El club de los poetas muertos* (otra gran película de Peter Weir); también pienso en el capitán Robert FitzRoy. Es cierto que los versos de Whitman estaban dedicados a Abraham Lincoln, tras su asesinato en 1865, pero el comandante del *HMS Beagle* también los habría merecido... si es que alguien se hubiera acordado de él.

Antes del gran viaje, cuando Darwin y FitzRoy todavía no se conocían, el segundo había sido el alumno más brillante de la Royal Navy. Y no solo demostró gran presteza en las artes de la navegación y el mando, sino que devino un consumado cartógrafo, matemático, astrónomo, naturalista y meteorólogo (fundó el primer servicio de meteorología en Gran Bretaña e inventó un barómetro portátil que llevó su nombre). En pocas palabras, poseía una formación científica muy superior a la del joven teólogo que le acompañó a bordo del *HMS Beagle*. Precisamente, fueron las inclinaciones naturalistas de FitzRoy lo que le impulsó a reunir su propia colección de especímenes; y en lugares como las Galápagos también había desembarcado para atrapar, entre otros, a unos cuantos pinzones.

Darwin recordó los pinzones recolectados por el capitán; este los había etiquetado según el punto geográfico, e isla, donde habían sido capturados. Le escribió y el marino accedió a ceder la muestra. Ahí estaba la prueba. Especies diferentes respondían a zonas e islas también diferentes. Los hoy llamados «pinzones de Darwin» eran un buen argumento para demostrar la evolución de las especies.

Claro que Darwin habría querido regresar a las Galápagos; y no solo para estudiar a los pinzones con otros ojos, sino para comprobar que las diferencias en el caparazón de las tortugas gigantes también eran otra prueba de cómo la naturaleza había seleccionado cambios azarosos, aleatorios y caprichosos. La misma que permitía la supervivencia de unos individuos y la eliminación de otros.

Los misterios de Floreana

Nicholas Lawson fue gobernador de las Galápagos para la República del Ecuador; se entrevistó con Darwin cuando el *HMS Beagle* recaló en la isla de Floreana. Tiempo más tarde, la falta de agua potable y las dificultades de aprovisionamiento llevaron a que las autoridades ecuatorianas decidieran abandonar la isla; quedando así, de nuevo, deshabitada.

Pero, a finales de los años veinte del siglo pasado, llegaron unos peculiares colonos europeos; buscaban su particular jardín del Edén y se afincaron en la isla. Primero fueron Dore Strauch y el Dr. Friedrich Ritter —eran amantes y habían abandonado a sus respectivos cónyuges—, y en 1932 llegó otra pareja, acompañada de su hijo: los Wittmer. Podían contarse con los dedos de una mano, pero no eran humanos que hubieran regresado a la vida comunal troglodita; en apariencia sí, en lo real no. Cuando, *in situ*, observamos el sistema que idearon para la obtención, gota a gota, de agua potable o los refugios excavados en la roca, sientes que podrían haberlo conseguido, pero arrastraban con ellos algunos de los estigmas de nuestra sociedad productora: la propiedad privada, el individualismo, los celos y ¿el asesinato?

Pronto discutieron y las dos familias se «aislaron». El desembarco de la bella baronesa Eloise von Wagner de Bousquet acentuó, aún más, la desestabilización de aquella minúscula sociedad de entreguerras. Dicen de ella que, salvo por la pistola que colgaba del cinto, paseaba su cuerpo desnudo a la vista de todos; pero fueron algunas de sus conquistas y romances lo que acabó desembocando en una serie de muertes repentinas —sospechas de envenenamiento incluidas— y desapariciones. El misterio aún está por resolver.

Hoy, la baronesa da nombre a una pequeña cantina local, y es que Floreana vuelve a contar con una reducida colonia de habitantes. Allí suelo almorzar, no sin antes pasar cerca del hotel todavía regentado por los descendientes de una de aquellas familias pioneras: los Wittmer. Un *lodge* que fundó Margret Wittmer, la autora del libro *Floreana*. Sus descendientes explican la joven historia de la isla; algo parecido a cuando Lawson, eufórico ante el desembarco de forasteros, también quiso aportar sus crónicas locales. Quizá, la falta de costumbre —no era habitual tener visitas— hizo que fuera más efusivo de lo que correspondería a una sosegada conversación entre caballeros, pero el joven Darwin, siempre dispuesto a escuchar toda nueva observación sobre los lugares que visitaba, parece que consideró el relato de Lawson una fanfarronada.

El gobernador, hablando sobre la fauna autóctona, afirmó que podía reconocer de qué isla procedía cada una de las tortugas gigantes de Galápagos, con tan solo observar la forma de su caparazón. Lástima no haberle prestado más atención al asunto. Una vez en Gran Bretaña, tras la información aportada por John Gould, estaba claro que en Galápagos no solo había menospreciado a los pinzones, tampoco se había fijado demasiado —salvo por cuestiones ecuestres— en las tortugas gigantes. Tendría que haber conservado o, como mínimo dibujado, los caparazones de las tortugas que, durante las cinco semanas que la tripulación del *HMS Beagle* recorrió y cartografió las islas, fueron capturadas con fines culinarios. Las voluminosas pruebas habían sido arrojadas por la borda junto con los demás desperdicios.

En efecto, las esquilmadas tortugas no solo fueron fuente de carne fresca para piratas, balleneros, militares y colonos, sino también para las misiones científicas como la del *HMS Beagle*. Se cargaron varias de ellas en la bodega y, a medida que eran consumidas, se deshicieron de los «caparachos» sin que Darwin tomara demasiadas anotaciones acerca de las diferencias que existían entre ellos. Ante sus ojos, y en el plato, había tenido otra prueba de la evolución. Nicholas Lawson andaba en lo cierto.

En las islas donde todavía no se han extinguido estos grandes quelonios —en Santa Cruz un macho puede superar los 1,5 metros de longitud y pesar más de 250 kilogramos— es cierto que podemos reconocer diferentes morfologías, todas ellas muy directamente ligadas con el tipo de hábitat. Por ejemplo, las tortugas de las zonas húmedas que se alimentan de hierba baja tienen un caparazón alto en forma de domo; pero en la parte frontal, por donde esconden y sacan la cabeza, es bajo. Son tortugas que no necesitan estirar el cuello hacia arriba. Otras, en cambio, viven entre vegetación muy enmarañada donde sería fácil quedar atascadas, por lo que exhiben caparazones extremadamente planos; esto les permite avanzar con mayor eficiencia. Las tortugas que, en áreas más secas, se nutren de las palas y frutos de las opuntias, y debido a la ubicación de dicho alimento, poseen un caparazón con forma de silla de montar. Esto permite que en la parte frontal exista una especie de arco elevado para facilitar que, como hacen las jirafas en África, los quelonios estiren su largo cuello hacia arriba; en dicha acción también ayuda el caparazón más estrecho y con mayores espacios en la zona de las cuatro extremidades: así pueden estirar también las patas para adquirir mayor estatura. Y, precisamente, a este tipo de quelonios pertenecía la última de las tortugas de la Pinta: el Solitario Jorge.

La última tortuga

Don Fausto, cuando coincidíamos en el centro de crianza, en Puerto Ayora, siempre me decía —y sigue afirmándolo desde su actual y merecido retiro— que Jorge era capaz de reconocerle. No lo dudo. Las tortugas tienen vidas muy longevas; no tanto como Yoda o Chewbacca, en las películas de *Star Wars*, pero han acumulado mucha sabiduría. Diversos estudios científicos se centran en la gran capacidad memorística y de aprendizaje de estos reptiles, por lo que, considerando que pueden superar los 150 años, sería genial si pudieran hablar y explicarnos cotilleos del pasado.

Fausto tampoco estaba de acuerdo con las mofas que recibía el Solitario Jorge. Se habían hecho muchos chistes sobre su presunta impotencia sexual. Y es que el trabajo, en los años noventa, de una voluntaria suiza adscrita al Centro de Crianza del Parque Nacional de Galápagos y la Estación Científica Charles Darwin todavía arrastraba comentarios y cuchicheos. Primero lo había intentado, sin éxito, la directora del departamento de herpetología de la estación. La misión era estimular al Solitario Jorge con el objeto de recuperar y conservar semen, pero Sveva Grigioni, a la que los locales empezaron a llamar «la novia de Jorge», tampoco obtuvo resultados.

En vida de Jorge fui testigo de un hecho muy curioso; algunos galapagueños —incluso de islas tan alejadas como Isabela y con motivo de las tradicionales hogueras de Nochevieja— pedían, a modo de buen deseo, que el compañero de Fausto dejara descendencia. En un capítulo anterior hemos explicado que el Solitario Jorge era la última de las tortugas de la Pinta, de ahí su nombre, y, por dicho motivo, el centro de crianza decidió seleccionar a dos hembras procedentes de otra isla situada en el extremo norte del archipiélago: Wolf. Allí las tortugas parecían casi idénticas y se creyó que podía ser una solución para conservar así, al menos, ni que fuera una parte de sus genes. Fue aquí donde nació el mito sobre la impotencia de Jorge, pues pasaron los años y no ocurrió nada; ambas hembras no protagonizaron ningún desove.

El ser humano seguía jugando a ser Dios. Esta vez no se trataba de elaborar textos sagrados con creaciones de una semana, sino que, movidos por la mejor de las intenciones, pretendíamos ayudar a una especie cuyo armagedón era responsabilidad nuestra. Todo empezó cuando, poco tiempo atrás, el primer *Homo sapiens* puso pie en la Pinta; hablamos de escasos siglos, y no de miles ni millones de años. Nadie fue capaz de prever que, mejor que cazar muchas tortugas de golpe —tomar y arrebatar lo que nos rodea sin límite—, habría sido más eficiente mantener una población capaz de reproducirse. En este sentido, tampoco ayudó que el mismo año de la fundación del Parque Nacional de Galápagos, en 1959, unos pescadores liberasen un puñado de cabras domésticas.

La Pinta es una isla muy alejada de otras ínsulas habitadas, por lo que en las expediciones de pesca —antes de que las normativas del parque entrasen en vigor— se solían dejar fuentes de comida en zonas cercanas, o de paso a los caladeros. De haber sido en el continente, el mismo hábito no hubiera provocado una huella ecológica tan palpable, pero en una pequeña isla sin predadores animales, y ya tocada por el expolio durante la época de los piratas y balleneros, todo fue muy rápido: las cabras se asilvestraron y reprodujeron de forma descontrolada. Las pocas tortugas supervivientes empezaron a ver cómo se reducía la provisión de alimento —los caprinos se lo comen prácticamente todo—, y también sus puestas de huevos fueron desenterradas y saqueadas.

La evidencia de semejante extinción fue registrada por el recién estrenado Parque Nacional de Galápagos; a principios de los sesenta, promovió toda una serie de expediciones dirigidas hacia las islas e islotes del archipiélago. Querían hacer un inventario sobre el estado de la fauna y flora. En la Pinta no dieron con tortugas terrestres, solo con los restos óseos de un buen puñado de ellas. La acción antrópica ya las había extinguido, para siempre, de otras ínsulas: Santa Fe, Fernandina y Floreana. Se han hecho cálculos, y Linda Cayot, conservacionista y antigua directora del departamento de herpetología de la Estación Científica Charles Darwin, dice que, en el siglo XIX, durante el auge de la actividad ballenera, unas doscientas mil tortugas gigantes fueron capturadas en menos de cincuenta años. Pero, al igual que la Tierra no es un planeta con recursos ilimitados —lo estamos viendo en el siglo XXI—, tampoco las Galápagos eran la granja capaz de ofrecer un rebaño de tortugas infinito.

¿La tortuga gigante de la Pinta había sucumbido? Los únicos datos que poseía la ciencia es que, nada más iniciarse el siglo XX, una expedición naturalista documentó los últimos especímenes vivos. Siguiendo los parámetros y protocolos que todavía se utilizaban en aquella época, el puñado de ejemplares supervivientes fue sacrificado y transportado hasta Estados Unidos. Casi siete décadas más tarde arribó a la isla otra misión científica; era mucho más reducida y con fines muy específicos: estudiar caracoles endémicos. Fue entonces cuando Joseph Vagvolgyi tropezó con un «dinosaurio».

Capítulo 5

Selección natural

El mundo perdido

Jamás olvidaré la anécdota que me explicó uno de los grandes maestros de la evolución humana: el profesor Phillip V. Tobias. En su juventud, mientras estudiaba como discípulo de Raymond Dart, el padre del *Australopithecus africanus*, solía marchar al campo para prospectar en busca de nuevos fósiles: artefactos líticos y restos humanos pertenecientes a los primeros homininos. A veces, iba acompañado de un colega que se dedicaba al mundo de los vivos, concretamente, a los dominios del escorpión. Por lo que solían escoger una zona semidesértica plagada de piedras y salpicada por arbustos. La mejor elección para los objetivos de ambos.

Una vez estacionado el vehículo en medio de la nada, pertrechados de agua y equipo, cada uno tomaba su propio camino. Eso sí, antes de la partida, Tobias le decía a su amigo que, en el caso de topar con un fósil, por favor lo guardase para enseñárselo después; algo parecido replicaba el otro. Puesto que recolectar fósiles supone levantar piedras, mejor mirar debajo por si aparecía algún escorpión; lo mismo era el hallazgo de un nuevo y raro espécimen. En resumidas cuentas, Tobias partía con la sobrecarga de frascos y cajitas, que le facilitaba su amigo, para conservar ejemplares vivos de artrópodos; y el colega también reservaba espacio en la mochila para cargar con posibles vestigios del pasado. Lo interesante, me confesó Tobias, era comprobar cómo, tras una larga jornada de trabajo bajo un sol abrasador, cuando se reencontraban en el punto y hora convenidos, el experto en evolución humana regresaba con algún que otro fósil interesante, pero sin ningún escorpión. Mientras, el interesado en alacranes venía con una buena colección de especímenes prestos para el terrario en la universidad, pero sin ningún pedrusco en el bolsillo. Y esto siempre se repitió... todos los días finalizaron con el mismo resultado.

Tobias tuvo que haber estado muy cerca de algún que otro escorpión, sobre todo al remover rocas y sedimento, pero su cerebro los había anulado, pues no formaban parte del obsesivo objetivo. Su compañero, obcecado con los artrópodos, muy probablemente habría sido incapaz de ver un cráneo completo de australopiteco, incluso de elefante. Cada loco con su tema. Solo vemos lo que queremos ver. Igual que cuando Cuvier solo apreciaba catástrofes y no la evolución gradual del cuello en la jirafa de Lamarck. Y una tortuga gigante, el equivalente a un dinosaurio en *El mundo perdido* del profesor Challenger, es lo que, en 1971, en la Pinta, casi estuvo de pasar desapercibido a ojos de Joseph Vagvolgyi.

El objetivo en la misión del biólogo era el estudio de gasterópodos... pequeños caracoles. Por lo que casi ni reparó en el voluminoso macho de tortuga que seguro estaba haciendo todos los esfuerzos posibles por salir en la foto. Los ojos del naturalista solo eran para aquellos otros seres con la casa a cuestas. Por suerte, habiendo abandonado la Pinta, comentó el suceso como algo anecdótico y los responsables del Parque Nacional de Galápagos ligaron cabos. Una brigada, de la que formó parte Fausto Llerena, ese mismo año había estado en la isla para erradicar cabras salvajes, y nadie reportó tortugas vivas, pero sí el cadáver de un ejemplar que había perecido a golpes de machete: una vez más la presencia del humano haciendo estragos.

Los miembros del parque, al cabo de unos meses, regresaron a la Pinta con nuevas instrucciones: no solo tenían que eliminar el máximo número de cabras asilvestradas, sino traer consigo a toda tortuga viva con la que pudieran cruzarse. La noticia sobre el encuentro accidental de Vagvolgyi no había sido difundida, pero preocupaba mucho lo reportado por los guardaparques: el hallazgo de la tortuga muerta a machetazos. Fue así, en 1972, cuando Fausto y el Solitario Jorge se conocieron. Como Alan Grant en el encuentro con el *Brachiosaurus* de *Parque Jurásico*, se llevó una gran sorpresa al ver aquella criatura. No podía creer que, en la isla, todavía quedase una tortuga gigante con vida. Procedieron a trasladarla, para su salvaguarda, a Santa Cruz.

No somos diosas ni dioses

En las instalaciones del Centro de Crianza, en Puerto Ayora, habíamos dejado al Solitario Jorge; intentaba cumplir con su papel de Adán junto a dos tortugas hembras procedentes de la isla de Wolf. La hallada muerta en la Pinta durante la prospección de 1971 jamás podría haber sido Eva, pues también se trataba de un macho.

La genética hizo acto de aparición, y supimos que las tortugas de la isla Wolf estaban muy alejadas genéticamente de la especie de la Pinta. Los mismos estudios plasmaron, en cambio, una mayor proximidad genética con las tortugas gigantes de Española. Vistos los datos, se decidió retirar a las hembras de Wolf del recinto donde vivían con Jorge y otras dos, originarias de Española, pasaron a compartir espacio. Aunque fuera con fines plenamente justificados —la conservación de una especie—, el cautiverio no es la mejor de las opciones para la existencia normal de una tortuga; aun así, la nueva situación demostró que el Solitario Jorge no era impotente. En 2008 y 2009, Fausto y Janina me comunicaron que las compañeras de Jorge habían puesto huevos, y que estos habían sido trasladados hasta las incubadoras: jamás eclosionaron y la estirpe de la Pinta siguió sin descendencia.

Según John Lightfoot, un domingo había sido el día escogido para la creación de los primeros humanos; el azar, en cambio, hizo que también fuese un domingo, el 24 de junio de 2012, el día oficial para la extinción de una especie animal más: *Chelonoidis abingdonii.*

Fausto, aquella mañana, halló muerto al Solitario Jorge. La última tortuga de la Pinta. Acumulaban cuarenta años de convivencia y amistad... desde que se encontraron, en 1972, hasta el fallecimiento de Jorge por causas naturales.

El rostro serio de Fausto es solo herencia genética. Cuando empieza a hablar, todo se desdibuja en una agradable sonrisa. Siempre amable y receptivo, nos ha explicado cientos de anécdotas vividas al lado de Jorge; como cuando, en 2011, ante la amenaza de la llegada de un tsunami a Galápagos —el que afectó gravemente a Japón— se decidió activar un plan de evacuación para ponerlo a salvo. Trasladaron a la tortuga hasta la parte más alta de Santa Cruz y todo salió bien. En otros momentos convulsos para las islas, la tortuga también había recibido amenazas de muerte y secuestro que, afortunadamente, jamás se cumplieron. Tantas vicisitudes juntos y el ser humano, al fin, había acabado con la estirpe de quelonios en una isla más; ya eran cuatro: Fernandina, Santa Fe, Floreana y, ahora, la Pinta.

El planeta de los simios, en su versión cinematográfica de 1968, nos muestra la reacción del capitán Taylor al tropezar con los restos semienterrados de la Estatua de la Libertad. Amparado en su pretendida superioridad humana, el mismo que no se había doblegado ante las burlas y maltratos infligidos por los simios, acaba arrodillándose ante la evidencia: «¡Lo habéis destruido! ¡Yo os maldigo a todos!». Los miedos iniciales previos al viaje de Taylor, la autodestrucción del planeta humano, se han cumplido. Sería fácil culpar a unos pocos, pero el grito desesperado nos señala a todos: somos la especie que acaba con otras. Por suerte, algunos luchan en pos de la conservación.

El Parque Nacional de Galápagos, la Estación Científica Charles Darwin y otras instituciones de dentro y fuera de Ecuador llevan a cabo una loable labor para intentar asegurar las poblaciones de tortugas gigantes en riesgo de extinción. Los guardaparques desentierran y recogen los huevos puestos por las hembras en libertad; es un trabajo muy cuidadoso donde no solo se anota la ubicación exacta, la fecha y otros parámetros, sino que, dibujando una cruz a lápiz, siempre se sabe la posición en la que fue hallado cada huevo. Acto seguido, son transportados hasta las incubadoras de los diferentes centros de crianza. De esta manera, el *Homo sapiens* no solo facilita la eclosión de las puestas, sino que puede decidir si quiere que nazcan más hembras o machos. El sexo de los quelonios viene marcado por la temperatura dentro de la incubadora; allí fuera, depende de la profundidad a la que son enterrados los huevos, así como de las variaciones climáticas externas. En tanto que sobre el terreno selecciona la naturaleza, en la incubadora todo es regulado por un diseñador no divino, pero sí humano. Dioses capaces de borrar a una especie de tortuga gigante de la faz de la Tierra y, al mismo tiempo, decidir sobre el futuro de otras con un simple giro del termostato.

Tras salir del huevo, las tortugas se crían en guarderías; se las protege y alimenta durante los primeros cinco años de existencia. Conocí la primera nacida en el Centro de Crianza de Tortugas Terrestres David Rodríguez, en la isla de San Cristóbal; su nombre: Génesis. Ella y sus hermanos, cuando adquieren el tamaño necesario para no ser pasto de los animales introducidos —lo cual incluye a ratas, gatos y perros— son liberadas en las islas y lugares de procedencia. La buena noticia es que muchas de estas poblaciones se han recuperado, y ya no siempre es necesario desenterrar, transportar e incubar sus puestas de huevos. Un éxito al que, sin duda, ha contribuido el papel simbólico que ejerció la última tortuga de la Pinta: el Solitario Jorge.

La imagen de Jorge dio la vuelta al mundo. Fue portada de revistas científicas y de divulgación, protagonista de muchas charlas en programas televisivos de máxima audiencia y sigue presidiendo el emblema del Parque Nacional de Galápagos junto al tiburón martillo (símbolo de la Reserva Marina que baña al archipiélago). Tras su muerte, fue declarado patrimonio nacional por parte de la República del Ecuador y, en la actualidad, el cuerpo naturalizado se exhibe en las nuevas instalaciones de un museo ubicado en Puerto Ayora. La sala forma parte del centro de crianza bautizado con el nombre de Fausto Llerena; él y otros guardaparques, científicos, voluntarios e isleños siguen trabajando por la conservación de un patrimonio aún mayor: el de la naturaleza en su conjunto.

Varias especies de tortugas gigantes terrestres se distribuyen en las Galápagos, y la historia y extinción del Solitario Jorge ha hecho que les prestemos mayor atención. Así, con el auge de los estudios genéticos (lejos queda la imagen de un naturalista a lomos de tortugas), la noticia es que la *Chelonoidis abingdonii* podría haber escapado de la invisibilidad. Los genetistas estiman que, en una remota región de otra isla, Isabela, es posible que existan ejemplares procedentes de la Pinta. Los mismos marineros que persiguieron a las tortugas, y que las almacenaron en las bodegas de sus barcos como comida, quizá las diseminaron involuntariamente por el archipiélago de las Encantadas. La ciencia lo dirá. Entretanto, para los que piensan que menuda tontería centrar tanto esfuerzo en la salvación de unos reptiles «antediluvianos», cabe destacar el resultado de algunos de los estudios realizados con el genoma del Solitario Jorge y otras tortugas gigantes. Las universidades de Yale y Oviedo han conseguido determinar que la longevidad de estos quelonios podría responder a unas características sorprendentes: capacidad de reparar su propio ADN, gran capacidad de respuesta inmunitaria y la capacidad de inhibición del cáncer. ¿Parece poco?

Dicho con otras palabras, las tortugas quizá puedan resultar clave en el estudio de las enfermedades relacionadas con el envejecimiento humano, la denodada lucha que mantenemos contra el cáncer, así como la búsqueda de protección ante las grandes pandemias de las que estamos intentando salir, o en las que podríamos caer. Ya solo con semejante currículum, las tortugas gigantes tendrían que ser motivo de adoración por parte de aquellos prohombres que consideran los esfuerzos conservacionistas como un mero divertimento o distracción para científicos y activistas románticos, además de un dispendio económico inútil. El problema es que, incapaces de pensar a largo término, muchas veces no vemos más allá de nuestras narices.

Los cambios geológicos y biológicos son rápidos en comparación con la escala astronómica, pero muy lentos según la percepción humana; y eso, a muchos, les había impulsado a creer que siempre saldríamos victoriosos ante cualquier contratiempo futuro, pues habría tiempo suficiente de reacción. El «más adelante encontraremos la solución» se convirtió así en una especie de mantra. Pero la realidad era otra. La lucha contra el SARS-CoV-2 no ha sido cuestión de milenios o siglos, ni tan siquiera de años; en cuestión de meses, semanas e incluso días tuvimos que buscar «soluciones» y, por supuesto, no estaban preparadas. La crisis humanitaria (con cientos de miles de muertos), sanitaria (millones de contagiados) y económica (incontables damnificados) era impensable para los confiados humanos del siglo XXI. La pandemia de la COVID-19 ha de hacernos reflexionar, aunque solo sea por mero egoísmo, sobre el hecho de que el juego con la naturaleza sí va con nosotros.

Seguíamos creyendo que éramos diosas y dioses capaces de someter a la naturaleza. Desafiamos, una vez más, sus leyes, y descubrimos las consecuencias. No somos más que dioses con pies de barro.

Las leyes de la naturaleza

La pesadilla de Darwin era cada vez más recurrente. Pinzones, tortugas gigantes, secuencias de fósiles, la herencia manifestada en plantas y animales domésticos... todo conducía a confirmar que las especies eran capaces de cambiar: evolucionar. Y que no lo hacían por designio divino, sino por una serie de fuerzas existentes ahí fuera: las leyes de la naturaleza. Pero era mejor seguir callando. La ventaja de ir por libre, a contracorriente. Al haberse autoexcluido de toda jerarquía académica, no estaba obligado a rendir cuentas ante ningún profesor, ni tenía necesidad de promocionarse. Lo único importante vivía con él en Down House: su querida mujer, Emma, y los hijos de ambos. Para qué causarles problemas con la publicación de unas ideas que, seguro, desatarían la reacción de las instituciones más conservadoras e inamovibles.

Darwin, a diferencia de la mayoría de los acomodados caballeros victorianos de entonces, optó por la compañía de los suyos; otros prefirieron campañas militares, carreras políticas o la vida social en clubs privados antes que la familia. La sala de música, en Down House, nos traslada a las lecturas, en voz alta, que Emma y Charles hacían de los clásicos ingleses. Además, el piano que preside la estancia es fiel testimonio de que ella fue una músico excelente. Como padre, Darwin siempre condescendió y agradeció que la prole le asaltara mientras diseccionaba percebes o escribía un nuevo capítulo sobre la selección natural. Quiso crecer junto a sus hijos e hijas.

Con el primogénito, William Erasmus, y como enésima prueba de su pasión por la observación, Darwin llevó un detallado diario sobre sus gemidos, lloros, gritos, bostezos, estornudos, succiones, movimientos, etc. Naturalista hasta la médula. También se llevaba a la pandilla de excursión por el *sandwalk*, planteándoles juegos de exploración donde se mezclaban historias procedentes de sus pasadas experiencias a bordo del *HMS Beagle*. Por todo ello, fue la muerte de la hija mayor, Annie, con tan solo diez años, lo que desencadenó la ruptura definitiva con la divinidad. Nos situamos en 1851.

Según los expertos, la niña murió de tuberculosis. Darwin la quería con devoción y, mientras que una destrozada Emma buscó consuelo en la fe, las cartas y escritos de Charles reflejan enfado. Veía incompatible la prematura muerte de Annie con la existencia de un Dios bondadoso; el mismo que, según las explicaciones del párroco local y amigo de la familia, había decidido llevársela al cielo. Para él, aquella dolorosa pérdida era una muestra más de las leyes de la naturaleza; y, como veremos a continuación, creyó haber obrado de forma irresponsable para con ellas. Debió ser un momento duro y difícil para los Darwin.

De los diez hijos que tuvieron Emma y Charles, dos murieron a muy temprana edad: Annie y Charles Waring; este falleció a los dieciocho meses a causa de la escarlatina. Además, Mary Eleanor pereció a los veintitrés años. Otros tuvieron problemas de fertilidad. Darwin durante mucho tiempo se culpó de ello. Había insistido en casarse por amor con Emma, pero, al mismo tiempo, había desafiado a esas fuerzas que, poco a poco, seguían tomando forma en las libretas rojas. El corazón, su libertad, se impuso a las consecuencias que podía tener casarse con una prima: la consanguinidad. Otras especies animales evitaban el incesto, y cruzarse con parientes cercanos, no por medio de tabús, castigos religiosos, códigos éticos o convenciones sociales, sino gracias a la exogamia, la salida fuera del grupo familiar.

En Cambridge, en las clases de Teología, Darwin había aprendido que la llegada de todo nuevo hijo o hija era un don, un regalo de Dios. Respetaba las creencias de su mujer y las de sus coetáneos, pero la evidencia empezaba a ser otra: divinidades y humanos estaban supeditados a la libertad de la naturaleza... era ella quien diseñaba y dirigía nuestras vidas. La pérdida de Annie, el dolor de Emma, sus heréticas ideas... los síntomas de la dolencia de Darwin se intensificaron. Buscó refugio en el trabajo y siguió retrasando la comunicación pública de las conclusiones sobre la selección natural.

En 1858, más de veinte años después del viaje a bordo del *HMS Beagle*, Darwin abrió una carta procedente del archipiélago malayo. La firmaba un naturalista que financiaba sus expediciones científicas recolectando plantas y animales exóticos para las colecciones de prestigiosos museos, pero también de particulares adinerados. Alfred R. Wallace, a diferencia de los Darwin, procedía de una familia más humilde y pasó auténticas penalidades para ver cumplido el sueño de explorar el planeta. Precisamente, enfermo de malaria, logró esbozar una serie de cuartillas que el servicio de correos de Su Majestad envió desde las lejanas islas asiáticas hasta la pequeña población de Downe.

La sorpresa debió ser inmensa. Siguiendo caminos independientes, el joven Wallace había llegado a las mismas conclusiones que Darwin. Ambos estaban de acuerdo con la evolución de las especies según los mecanismos de la selección natural. Después de tantas dudas y miedos, Darwin empezó a pensar que se le habían adelantado; de hecho, Wallace pedía que el trabajo incluido en la misiva, de ser tenido en cuenta, fuera presentado en la prestigiosa Sociedad Linneana de Londres para su publicación. Y Darwin estuvo de acuerdo.

Los tres particulares mosqueteros de Darwin, sin olvidar a D'Artagnan, hicieron acto de presencia. Estos no son otros que John Stevens Henslow, su mentor en Cambridge y con el que siempre mantuvo gran amistad; *sir* Charles Lyell, el geólogo que le dotó de un escenario donde ubicar a sus actores y actrices de la evolución; *sir* Joseph D. Hooker, director de los Kew Gardens, y el siempre fiel y aguerrido Thomas H. Huxley. Los cuatro habían recibido, desde hacía años, abundante correspondencia del naturalista, por lo que conocían de primera mano la inquietud de Darwin acerca de la transmutación de las especies. Aunque en diferentes ocasiones lo espolearon para que se lanzase a la publicación de una monografía, siempre prevaleció su contención.

Pero, en 1858, no solo tenemos a un Darwin ya plenamente reconvertido, sino que las nuevas de Wallace permitieron que la ciencia diera un vuelco. Los mosqueteros, y D'Artagnan, presionaron para organizar una presentación conjunta sobre la idea de la selección natural, y Darwin acabó cediendo. En un acto al que el público y los medios no otorgaron demasiada trascendencia, la gran idea vio la luz en el marco de la Sociedad Linneana. Aunque el galés continuaba en alguna remota isla, sin que se supiera si regresaría sano y salvo, Darwin y Wallace pasaron a ser los padres, los coautores, de la selección natural. Ya no había marcha atrás y, gracias al impulso otra vez de sus mosqueteros, Darwin por fin se decidió a publicar todo lo sembrado y madurado durante las tres décadas precedentes.

El mes de noviembre de 1859, la editorial Murray lanzó la primera edición de *El origen de las especies*; se agotó antes de que llegase a las librerías. Sin duda, con este libro Darwin no solo revolucionó la historia de la ciencia, sino que también revolucionaría para siempre la historia de la humanidad. Existe un antes y un después de Darwin... un antes y un después de *El origen de las especies*. Muchas veces nos olvidamos de ello.

Una realidad incómoda

Hace años —aunque no era la primera vez, ni será la última—, recibí una dura reprimenda en la sección de cartas al director; días antes, el mismo rotativo me había entrevistado acerca de la nueva exposición, sobre Darwin y la evolución, inaugurada en el Edificio Histórico de la Universidad de Barcelona. A la pregunta «¿Existe el alma?», respondí, con sinceridad y sin malicia, que no creía en su existencia. En cambio, apostillé que sí estaba seguro de la existencia de mi ADN y el de cada uno de nosotros.

Jamás he visto ni experimentado el alma; tampoco conozco ningún trabajo de investigación que demuestre su presencia; por el contrario, tenemos pruebas de la doble hélice. En esas estaban, James Watson y Francis Crick. Ambos, impulsados por los estudios pioneros de la gran química Rosalind Franklin —la cual jamás recibió los honores que le correspondían—, abrieron nueva luz sobre la estructura del ADN: la doble hélice. Cuando recalo en Cambridge, en el *pub The Eagle*, tras la segunda pinta y un plato de *fish & chips*, los imagino entrando en tropel por la puerta. Allí mismo, a las doce del mediodía del 28 de febrero de 1953, según la versión de Crick, Watson gritó a los colegas presentes: «¡Hemos descubierto el secreto de la vida!».

El secreto de la vida se halla en la estructura del ADN, y aun excediendo las tres rondas de cerveza, nunca he podido medir el alma. Ya sé que debo parecer muy aburrido e irreverente, y la carta del irritado lector no disimulaba su agrio disgusto: el alma no podía sustituirse por algo tan banal y terrenal como el ácido desoxirribonucleico. Admito que no suena poético, ni trascendente, pero sobre gustos no hay nada escrito. Mucho peores fueron las cartas, repletas de mofas e insultos, que recibió Darwin en Down House tras la aparición de *El origen de las especies*. El problema es que han pasado más de 150 años y la teoría de la evolución aún incomoda y molesta.

Evolución supone hablar de cambio, y aunque los científicos lo limitamos al terreno de la historia natural, los que no quieren que su *modus vivendi*, o su estatus social, se vea amenazado por una especie de fantasma revolucionario siguen acogiéndose al rechazo del darwinismo. En 2009, sin ir más lejos, durante el Año Darwin, se exhibió un libro de biología; procedía de un instituto público de Estados Unidos, de su biblioteca. Nada habría de resultar extraño; una pieza bibliográfica que hablaba de evolución en plena celebración del segundo centenario del nacimiento del naturalista británico y el 150 aniversario de la publicación de *El origen de las especies*. Pero había que acercarse a la vitrina y leer con detenimiento; lo interesante estaba en la etiqueta que, por orden de la dirección del centro educativo, los bibliotecarios habían enganchado en el lomo. Hablo de memoria, pero el texto rezaba algo así: «Advertimos al lector de que está a punto de abrir un libro que puede contener teorías no contrastadas». Por supuesto, se referían a la teoría de la evolución. ¿Adjuntaríamos la misma advertencia en un cuento infantil, una novela de ciencia ficción o un libro religioso?

Nos habíamos confiado; los científicos y científicas de todo el mundo pensábamos que, tras 150 años, y pasado el huracán de lo soportado por los primeros evolucionistas, la idea de la selección natural era algo admitido y asimilado; pero no siempre es así. Sigue siendo ignorada por ciertos sectores conservadores e inmovilistas.

Capítulo 6

Genes, cultura y adaptación

Enemigo a las puertas

Los vemos por televisión o son virales en las redes sociales, pero personajes influyentes de nuestra vida pública siguen negando la evidencia científica del cambio climático. Al mismo tiempo, antes de la pandemia de la COVID-19, también se reían de nuestras especulaciones y opiniones sobre el futuro de la especie humana.

Jamás he planteado en clase, o en foros públicos, la posibilidad de la extinción del *Homo sapiens* como un posicionamiento catastrofista. La extinción es frecuente y común en la evolución de la vida. Por lo tanto, cuando me preguntan «¿Cuál es el futuro de la humanidad?», dejando de lado que los científicos no contamos con la bola de cristal para predecir el futuro, es fácil recordar lo ya sucedido, en el pasado, con otras grandes extinciones. Todas ellas afectaron a «exitosas» especies animales. ¿Por qué íbamos a ser diferentes? La ciencia también se vale de lo que observamos y constatamos en el presente; y es evidente que estamos forzando la máquina. El problema radica cuando el interlocutor parte de la convicción engañosa de que somos la especie elegida; entonces, aunque sigamos desafiando las leyes de la naturaleza, somos reacios a digerir y aceptar que la humanidad pueda estar en peligro.

La ciencia no es imprudente. Mientras se investigaba la confirmación, o no, del cambio climático global, nunca nos atrevimos a afirmar que fuera una realidad. Podíamos sospecharlo, y de ahí que pusiéramos todos los esfuerzos en encontrar las pruebas que sancionaran dichas sospechas, pero debíamos ser cautos. Por ejemplo, la ciencia no estuvo detrás de las noticias sensacionalistas; muchos canales de televisión y otros medios de comunicación, ante lluvias torrenciales e inundaciones catastróficas, grandes heladas u olas de calor, pasaron años anunciando la llegada del cambio climático con tintes dramáticos. No había fundamento alguno. Podía tratarse de ciclos meteorológicos, más o menos largos, y es muy posible que esas condiciones ya se hubieran producido siglos o incluso décadas antes sin haber levantado la misma polvareda mediática. A eso ayudaban las conexiones en directo con reporteras tiritando y cubiertas de nieve, o corresponsales a punto de ser barridos por un vendaval. Tampoco tenía la menor validez estadística situar los micrófonos a pie de calle: la opinión de ciudadanas y ciudadanos sobre si hacía más calor que el año anterior no eran un termómetro objetivo sino subjetivo. La ciencia necesita evidencias, y llegaron.

De camino al laboratorio, en el ascensor, coincidí con el climatólogo Javier Martín Vide. Ya se sabe, todo un clásico hablar del tiempo en los ascensores. La típica y robótica conversación entre vecinos parcos en palabras: «Parece que hoy lloverá». Con Javier, además de instructivas, las charlas van de lo local a lo general y, tras meses de análisis de datos, aquella mañana confirmó lo que tanto temíamos: el cambio climático global devenía una certeza. Aun así, algunos siguen negando la evidencia y, en caso de admitirla, opinan que, como todo lo demás (contaminación, superpoblación, riesgo a pandemias) se trata de exageraciones promovidas por científicos aguafiestas. Esgrimen que el humano siempre encontrará soluciones para salir del atolladero; además de envidiable optimismo, a eso le llamo yo imprudencia temeraria. Seamos sinceros, ¿creen a ciegas en las capacidades del *Homo sapiens*, o todo vale para que el sistema socioeconómico actual siga su curso sin atender a las consecuencias?

No soy un mandatario político; alguien tiene que gobernar y admito que es fácil criticar. Al mismo tiempo, los diferentes agentes que han desembocado en un cambio climático global, hoy me permiten redactar el presente manuscrito con un ordenador portátil conectado a internet. Máquina y módem, a su vez, se alimentan de la red eléctrica instalada en un apartamento también dotado de agua potable y gas natural. En el vecino polígono industrial no paran de entrar camiones cargados de mercancías procedentes de lejanos continentes, y vuelo en grandes reactores hacia la tierra de los gorilas, las tortugas gigantes o los canguros. Pero, si los ecólogos, zoólogos, virólogos, paleontólogos, climatólogos, etc., siguen sin ser escuchados, nuestro ritmo autodestructivo puede acelerarse de forma irremediable. ¿Tenía que venir un microscópico virus para que el endiosado *Homo sapiens* acabara tomando conciencia de ello?

Coincidiendo con el estado de alarma decretado para la gestión de la COVID-19, publiqué un artículo de opinión —*elPeriódico*, 18/03/2020— donde hablaba de la necesidad de apostar por la ciencia y la cooperación, en vez de adentrarnos en peleas políticas y el capitalismo salvaje más egoístas. Era el momento de ser constructivos para así mitigar y vencer los efectos de la crisis sanitaria. Al cabo de unos días, me alegró ver que un mediático economista anunciaba, a los cuatro vientos, que la única herramienta para superar la pandemia estaba en la ciencia. Me sorprendió gratamente pues, con anterioridad, el personaje en cuestión había negado la credibilidad de los científicos en cuestiones tan banales como la del cambio climático global. En todo caso, agradecí que hubiese reconsiderado su opinión; no querría pensar que tan solo fue un mensaje oportunista, o promovido por el miedo en las propias carnes e intereses.

Había sido fácil criticar cualquier tipo de financiación que fuera dirigida a los equipos científicos que intentan prevenir, y buscar soluciones, a problemas que puedan tener efectos devastadores para la humanidad, y el planeta, en una escala temporal a medio o largo término: «Esto no lo veré, o no lo veremos». Tampoco uno se preocupa demasiado por los demás, si la propia supervivencia económica y médica está más que asegurada. Formas parte de una élite capaz de contar con buenos ingresos, educación y sanidad. Millones de personas vivían en una especie de burbuja donde el hambre, las guerras, el analfabetismo o la imposibilidad de acceder a un hospital parecían algo lejano. Pero las cosas cambian cuando el problema se viene encima.

La pandemia de la COVID-19 supuso topar, de repente, con una realidad que incomodaba, pero de la que escapábamos gracias a la distancia y la soberbia. Los efectos devastadores de la malaria y el sida en África, incluso del ébola, no iban con nosotros. Por ejemplo, en Europa y Estados Unidos se erradicaron las zonas palúdicas, y el sida, a medida que aparecieron medicamentos efectivos, dejó de ser la temida enfermedad mortal. En ambos casos —como ocurriese con las vacunas para el sarampión, la viruela, el tifus, la meningitis, etc.—, el avance científico aportó la solución. Desaparecido el problema nos olvidamos de la ciencia y seguimos viviendo en el marco de la seguridad y la abundancia... siempre, claro está, que uno se halle en posesión de dichos privilegios. Pero la peste, o la plaga, no se había quedado circunscrita a los relatos sobre la Edad Media, ni a los llamamientos humanitarios procedentes de ultramar, ni en las mismísimas narices de barrios tan cercanos como olvidados: cuando te excedes, cuando equivocas el camino, puede llamar a tu puerta en cualquier momento. El enemigo a las puertas. Uno de los economistas más comentados de la historia, Thomas R. Malthus, fue capaz de tenerlo en cuenta.

Memorias de elefante

Siempre he sentido especial atracción por la jirafa. Pero, de expedición por África, es irremediable caer rendido ante la mirada y majestuosidad del elefante. El hecho de ser el animal terrestre vivo más grande podría bastar para explicar el voluminoso tamaño de su cerebro. Pero hay algo más. El vecino rinoceronte también desplaza muchos kilos y su capacidad encefálica es muy pequeña. Por eso hablamos de índice de encefalización: poner en relación el peso del cerebro con el peso corporal total de un ser vivo. Y, aunque ocupamos el primer puesto —muy disputado con los delfines—, el índice del elefante se sitúa en la parte alta de la tabla. Así, no habría de sorprendernos que, al igual que el bonobo, el chimpancé, el gorila, el orangután y el ya citado delfín, los elefantes sean capaces de reconocer su imagen ante el espejo. Deben pensar: «Ese de ahí soy yo». A diferencia de otros animales donde muchas conductas están codificadas en los genes, el comportamiento del elefante es, en gran parte, cultural. También son libres de tomar sus propias decisiones.

A las faldas del Kilimanjaro, la experta matriarca es la que ha dado permiso para que podamos seguir a la manada de elefantes desde pocos metros de distancia; antes ha inspeccionado al observador olisqueándolo con la trompa y ha escuchado sus pasos sobre la hierba. Todo para diferenciarlo de los furtivos que les dispararon semanas atrás; hay varias crías dentro del grupo y sin su visto bueno, de habernos considerado del bando de los que abaten a los paquidermos solo por los colmillos, ya habría cargado. Ni tan siquiera regresar corriendo al todoterreno habría sido una garantía; de portar este los colores del último vehículo que les atacó, incluso un robusto Land Rover puede ser levantado, volcado y aplastado como un cochecito de juguete. Todo cambia, cuando se es aceptado. Entonces decenas de seres inteligentes ilustran al *voyeur* humano: desde los delicados cuidados maternales para con los más pequeños —todavía no controlan el movimiento de esa nariz que baila como un muelle desbocado—, hasta la pericia ingeniera del joven macho que, emulando a un buldócer, tira abajo la enorme acacia amarilla.

Son animales que no dudan en ir al rescate de los compañeros que, al vadear un río, han quedado atrapados en el fango. Intentan reanimar a familiares cuando caen enfermos o heridos, y los hemos visto velar la muerte de algún miembro del grupo. Si son capaces de reconocerse a sí mismos, no debería extrañarnos que también sean conscientes de la desaparición del otro. Por lo que pongámonos en su piel cuando, desde hace décadas, han soportado cómo les llovían las balas procedentes del cazador blanco en busca de los *big five*: elefante, rinoceronte, búfalo, león y leopardo. Otros cazadores soñaban con un imposible: los cementerios de elefantes repletos de toneladas inimaginables de oro blanco... el marfil.

Los cementerios de elefantes solo son un mito que nuestra codicia se dedicó a retroalimentar; pero a falta de necrópolis naturales, las provocamos nosotros. A vuelo de avioneta, se obtuvieron fotografías aéreas —con sabanas repletas de cadáveres de elefantes desnudados de colmillos y en estado de putrefacción— que recuerdan a los salvajes genocidios de la historia; algunos muy recientes. Genocidios, pues el elefante, como cualquier otra especie animal, forma parte de nuestra familia. Charles R. Darwin y Cynthia Moss, la gran etóloga de estos proboscídeos, los colocaron en el árbol genealógico de la vida; el mismo una de cuyas ramificaciones ocupamos nosotros. Dos especies inteligentes que son libres de tomar decisiones... buenas y malas. Una libertad que permite decidir el camino; y eso resulta genial cuando hemos de adaptarnos a nuevas e inesperadas situaciones ante el medio que nos rodea, pero esa misma libertad también supone un peligro: equivocarse... no tomar el camino adecuado. La selección natural siempre está ahí fuera, tanto para darnos su beneplácito como para recordarnos que la espada de Damocles pende sobre nuestras cabezas.

Las nieves del Kilimanjaro —los glaciares están en retroceso desde que los describiese Ernest Hemingway— son testigo del momento; la matriarca ha decidido que la manada debe partir hacia otros territorios. Su experiencia también señala qué dirección seguir, así como el destino final. La impulsan los recuerdos, experiencias y mapas mentales, pero la responsabilidad es grande. Pueden llegar a una zona donde no haya llovido lo suficiente y no exista agua. La falta de alimento incluso puede obligarlos a seguir moviéndose hasta perecer de inanición y fatiga. Y es que un elefante adulto puede pasar más de dieciocho horas al día comiendo y, en función de la estación, esto supone la ingestión de entre 100 y 250 kilogramos de hierba, hojas, frutos, cortezas y madera al día. Cojamos la calculadora y multipliquemos por los entre treinta y cuarenta individuos del grupo descrito en el Kilimanjaro, o por el centenar que invadió nuestro campamento en el Serengeti durante toda una tarde.

Estamos hablando de miles de toneladas por día; por lo que consideremos la población total de elefantes en África y hagamos números. Y eso es lo que hizo Darwin. Luego, vistas las cifras, estimó que algún mecanismo controlaba la población de elefantes africanos. No podían sobrevivir todos los que nacían o, de lo contrario, arrasarían con la vegetación del continente africano. En la naturaleza debían existir mecanismos capaces de regular el tamaño de las poblaciones: la selección natural que más tarde describieron Darwin y Wallace. Pero, mucho antes de avanzar en sus investigaciones, ambos naturalistas habían leído el trabajo del economista Thomas R. Malthus, quien en 1798 publicó una obra que daría mucho que hablar: *Ensayo sobre el principio de la población.*

Hambre, guerras, pandemias... y azar

El mensaje del economista británico caló hondo, pues su razonamiento era fácil de visualizar y explicar en una sencilla gráfica. Mientras que el crecimiento de la población humana respondía a una progresión geométrica, la producción de alimentos crecía en progresión aritmética. Dicho de otra manera, la población crecía mucho más rápido que el ritmo de obtención de recursos para alimentarla. Y la culpa se achacó a las clases más bajas. Según el razonamiento de la época, en tanto los pobres siguieran reproduciéndose de forma descontrolada e irresponsable, la agricultura y la ganadería se verían incapaces de producir alimentos suficientes. Eran muchas bocas para poca comida, y la población debía estar limitada en función de los medios de subsistencia existentes.

Ante semejante desigualdad entre tamaño demográfico y disponibilidad de recursos, Malthus estimó que cualquier persona destinada a nacer sin posibilidad de ocupar vivienda y puesto de trabajo no era bien recibida en la mesa de la naturaleza. Según el economista, superado el aforo, la naturaleza respondía con una serie de medidas de control capaces de mantener a raya el nivel óptimo de población. Así justificaba la aparición de hambrunas, guerras y las pandemias capaces de erradicar a millares de personas.

Por supuesto que la mentalidad malthusiana pecaba de clasismo. Vieron en la miseria un mal necesario para erradicar a los más pobres; unos pobres cuyos harapos, vidas hacinadas y mala alimentación molestaban, y a los que se les culpaba de reproducirse como conejos debido a un ínfimo nivel cultural. ¿Alguien pensó en dotarles de escuelas y educación? Solo debían nacer los pobres necesarios para trabajar en las plantaciones, minas y fábricas de los mejor situados, el resto sobraba. Ahora bien, a diferencia de sus acomodados coetáneos, Malthus también introdujo una novedad revolucionaría: la variable de la naturaleza. No todo estaba bajo el control de los humanos y el medio era capaz de rebelarse cuando traspasábamos los límites. A la que el nivel de población excedía al de los alimentos, no solo las citadas guerras y hambrunas eliminaban población, sino que estaban las pandemias que, de forma cíclica, se cernían sobre ciudades y estados sin respetar fronteras ni clases sociales.

Y esta idea de la naturaleza, como juez del equilibrio de la vida en el planeta, despertó la atención de personajes como Darwin y Wallace. Los elefantes africanos también habrían arrasado con toda la vegetación de África de no haber estado sometida su población a procesos selectivos; unos procesos donde no es la libertad de la matriarca la que decide, sino la libertad de la naturaleza: abortos, mortalidad infantil, accidentes, catástrofes naturales, enfermedades, etc. La supervivencia del más apto.

La supervivencia del más apto

Darwin jamás dijo que sobrevive el más poderoso, o el más rico. Tampoco sobrevive el más fuerte. Sobrevive el más apto. Y los individuos más aptos solo son reconocidos por la naturaleza. Entraba en juego el azar. El azar era el reverso de un orden totalmente diseñado e inmutable. Y el azar amenazaba al Olimpo de las diosas y dioses, pues suponía aceptar que todo escapaba de nuestro control. De ahí la oposición al darwinismo.

Hemos hablado de las mariposas del abedul, del principio de la bipedestación y de la especiación de los pinzones y tortugas en las islas Galápagos; según lo planteado en *El origen de las especies*, en ningún caso se siguió designio divino alguno, ni tampoco se cumplió ningún deseo por parte de esos animales: como pasar de alas blancas a negras para mimetizarse en los árboles, de cuadrúpedos a bípedos con el objeto de ver por encima de las altas hierbas, o modelar diferentes tipos de picos y caparazones en función de las necesidades tróficas. La evolución no funciona como la lámpara de Aladino a la que pedimos deseos, sino que se asemeja más a la ruleta de un casino; cuando la bolita se detiene, por azar, en un número y color... ¿ganas o pierdes? Todo dependerá de qué número o color tendría que haber sido el correcto, y aquí no decide el humano, sino la naturaleza.

Por ejemplo, volvamos a nuestras ya conocidas mariposas del abedul ¡Hagan juego, señoras y señores! Cuando las cortezas de los árboles eran de tonos claros, ¿quién habría apostado por la supervivencia de las polillas que nacían con alas negras? Con ánimo de ganar, todo el mundo habría optado por la apuesta fácil: las polillas blancas con motas eran las que se podían camuflar y escapar así de sus depredadores. En su momento, la naturaleza había seleccionado como más aptas a las polillas de alas claras; encajaban bien en el ambiente por donde revoleteaban. Pero ¿quién hubiera dicho que las apuestas se pondrían a favor de las polillas con alas negras?

Fue cuestión del azar. La Revolución Industrial —algo traído por unos curiosos primates— estaba provocando la transformación del medio: los troncos se oscurecían por el hollín y los hasta entonces exitosos ejemplares blancos fueron diezmados. Pero el azar no solo influyó en un cambio de escenario, sino en los actores. La ruleta jamás deja de girar, y en las siguientes apuestas, siempre que la bolita cayó en el nacimiento de mariposas con alas negras, esto hizo que ganase el nuevo jugador sentado ante el tapete. A partir de una serie de cambios azarosos —hoy hablamos de genes y mutaciones— proliferaron y se reprodujeron con éxito esos especímenes por los que, hasta el momento, nadie hubiera apostado: las polillas negras.

Ante una serie de cambios azarosos en el pico de un pinzón, y frente a unas determinadas condiciones ecológicas, la naturaleza selecciona aquellas características más aptas y elimina las que no son útiles. Solo así, tras muchas tiradas a ciegas o mutaciones, la mayoría de las cuales, como todo error en la cadena de montaje, son inútiles, algunas acaban encajando ante una nueva situación que el individuo jamás podía haber previsto. El azar. Lamarck había acertado diciendo que existía la evolución: la jirafa de cuello largo actual descendía de un animal de cuello corto. Pero este alargamiento no se produjo a fuerza de estirar la nuca para acercar la cabeza a las hojas más altas, sino debido al azar.

Pero el azar nos pone nerviosos. Por dicho motivo, cuando empezó a calar el evolucionismo en la academia, fue cuando muchos rescataron al olvidado Lamarck. Y en el empeño por conseguir una evolución que escapara de la ruleta a la que nos sometían Darwin y Wallace, desfiguraron y pervirtieron la genialidad del naturalista francés. Dicho de otra manera, Lamarck encajaba mejor para entender nuestra posición en la naturaleza. Al igual que la jirafa había conseguido su cuello tras perseguir el deseo de llegar más alto, el *Homo sapiens* no solo había ascendido (evolucionado) hasta el trono del reino animal, sino que podía seguir haciéndolo ante todo nuevo contratiempo. Pero es un concepto erróneo; la evolución no viene impulsada por el deseo.

Las criaturas de cuello corto sobrevivieron perfectamente comiendo del sustrato bajo. Por azar —otra vez las mutaciones—, unas nacieron con un cuello más largo. De haberlo hecho cuando el alimento era abundante es muy probable que no hubiesen tenido ninguna oportunidad de triunfar, pero coincidió en un momento donde existió mucha competencia entre diferentes herbívoros por los matorrales o árboles de escasa talla. Consecuentemente, las jirafas mutantes pudieron explotar los estratos arbóreos superiores. La selección natural favoreció al nuevo candidato más apto que, mejor alimentado, se reprodujo con mayor eficiencia; poco a poco, se extinguieron las jirafas de cuello corto.

Apostar cuando se habla de evolución no es fácil. Los cambios son impredecibles y la especie que creíamos exitosa (la polilla blanca o el jiráfido de cuello corto) resulta que fracasa, y sobrevive aquella por la que nadie habría apostado un penique: la polilla negra o la jirafa actual. Todo depende del momento que te toca vivir y de los cambios que puedan suceder. Y por eso es importante que la humanidad, con las posibilidades que nos confiere la libertad de escoger varios caminos, tenga en cuenta hipotéticos nuevos escenarios.

El problema es que preferimos la seguridad y certeza que nos ofrece un mundo previsible; siempre capaces de hallar soluciones en nuestro intelecto y tecnología. Por el contrario, la aproximación a las ciencias naturales dibuja un mundo sometido a mutaciones azarosas y cambios imprevisibles en el medio sobre los cuales solo imperan las leyes de la naturaleza. Esto inquietó a muchos en tiempos de Darwin; y sigue provocando un efecto parecido en el presente. De ahí la negación social del darwinismo. Lo enseñamos en las escuelas, hablamos de ello en artículos y documentales de divulgación científica, pero como si fuera una efeméride histórica. Hemos pasado del mito de la creación al mito de la evolución. La vida está aquí, y punto. No hace falta explicar más.

La realidad es que la naturaleza, desde la visión evolutiva, no es algo acabado: sigue y cambia. Siempre añade aspectos nuevos que explicar.

Capítulo 7

Venimos del mono

El mono desnudo

Adán y Eva habían caminado desnudos por el Edén hasta que, según cuenta el libro del Génesis, después de cometer el primer pecado, comer el fruto prohibido, sintieron vergüenza y cosieron hojas de parra para cubrir su desnudez. Antes habían mostrado sus cuerpos porque eran inocentes... ignorantes de la maldad. No tenían conciencia. Tras pecar, en cambio, entendieron el castigo que comportaba la tentación. Devenimos la única especie consciente de su existencia, y de las consecuencias que podían tener nuestros actos.

En el Antiguo Testamento no hay lugar para genes, ni para antepasados fósiles de los que podamos haber heredado cuerpo y conciencia; para la biología sí. De esta manera, el zoólogo y etólogo Desmond Morris, en su famoso libro *El mono desnudo* (1967), nos vincula con el resto del árbol evolutivo de los primates. Y es que, en efecto, venimos del mono. Para comprobarlo, y en el sentido inverso al del Génesis, tan solo hace falta «desnudarnos». No es un discurso naturista sino naturalista. Hemos de librarnos de prejuicios, miedos y supersticiones para descubrir la naturaleza humana; al quitarnos la ropa y posar ante el espejo, somos monos desnudos. Un animal más en el seno de la naturaleza.

Y esto es lo que Darwin también osó plantear en el siglo XIX. Por supuesto que no lo hizo de golpe. Existen muchos tópicos y leyendas alrededor de la figura del naturalista. Sin ir más lejos, solemos relacionar la expresión «venimos del mono» con la publicación de *El origen de las especies*. Ocurre algo parecido con el personaje de Sherlock Holmes y su «elemental, mi querido Watson». Estas palabras jamás salieron de la pluma de *sir* Arthur Conan Doyle; junto a la vestimenta, particular tocado y curvada pipa, nacieron de las operetas, representaciones teatrales e ilustraciones de la época.

El origen de las especies de 1859 no incluyó nada que sonase a «venimos del mono». Solo, casi al final de la obra, Darwin se atrevió a señalar que quizá, algún día, los estudios en evolución arrojarían nueva luz sobre la génesis de la especie humana. No hizo falta escribir más. La polémica estaba servida. El naturalista era sabedor de las ampollas que levantarían sus ideas. Eran la llave para explicar el árbol de la vida. Durante el camino evolutivo, el tronco central se dividió en varias ramas que después siguieron ramificándose hasta llegar a la maraña de especies actuales. Una de las muchas hojas, en la copa del árbol, representaba al *Homo sapiens*; y las ramitas muertas más próximas pertenecerían a nuestros eslabones fósiles. Entre el follaje se hallaban otros animales muy parecidos a nosotros: los primates. Así, en una de sus libretas rojas, datada en 1868, esbozó otro esquema genealógico más específico; hizo zoom sobre una de las zonas del árbol evolutivo y nos emparentó con los grandes simios y demás primates. Por la cabeza de Darwin ya hacía tiempo que rondaba una idea clara sobre el origen de la humanidad.

El año 1837, de las bodegas de un barco izaron la jaula que portaba al primer orangután vivo llegado a Londres; había sido capturado en las selvas de Borneo. La expectación fue máxima; su nuevo destino: el zoo de la ciudad. Poco tiempo atrás, había desembarcado Charles R. Darwin y, enterado de la noticia, quiso visitar la institución zoológica para contemplar al curioso y pelirrojo espécimen. Todavía faltaban unas décadas para que Edgar Rice Burroughs, en 1914, nos sorprendiera con su novela *Tarzán de los monos*; y en ella aparecía lady Jane Porter; la misma que en las películas clásicas de los sábados por la tarde se esforzaba en comunicarse con su anfitrión de la selva. Desconozco si Burroughs era consciente de la historia sucedida en época victoriana, pero la cría de orangután, una pequeña hembra, fue bautizada con el nombre de Lady Jane. Aunque los cuidadores y el público acabaron llamándola Jenny.

Jenny había sido expulsada del jardín del Edén, el de las selvas indonesias, no por desobedecer y comer el fruto prohibido, sino por la acción del ser humano; hoy los orangutanes están en grave peligro de extinción debido a los incendios intencionados, explotaciones madereras, la caza y el tráfico ilegal de animales. Curiosamente, a pesar de no haber pecado, vistieron a Jenny con ropas idénticas a las que llevaban las niñas inglesas de noble cuna; su desnudez escandalizaba. Algo había en ella que inquietaba a las familias que, atraídas por la curiosidad, visitaban el zoo. Los caballos que tiraban de las calesas por las calles de Londres y los bueyes que araban el campo no iban vestidos: la creación los había hecho muy diferentes al humano. Pero la visión de aquella criatura, más cuando se erguía sobre sus dos piernas y observaba al público con una mirada reconocible —¿inteligente?—, puso nerviosos a muchos.

Eva y Adán se vistieron en el momento que tuvieron conciencia de sí mismos, pero a Jenny, en aquella época, todavía le negábamos dicha capacidad; por lo tanto, la disfrazamos con ropas no solo para ocultar sus órganos sexuales y anatomía antropomorfa, sino para ridiculizarla. Era una época donde en las ferias de *freaks* se exhibían mujeres barbudas, gigantes, enanos y personas deformes; de una de ellas rescató el doctor Frederick Treves a John Merrick, el Hombre Elefante. Por lo que Jenny provocaba las risas de los que se plantaban frente al pabellón de las jirafas: allí tomaba el té con su atuendo infantil.

Los cuidadores de la primate, en cambio, pronto desarrollaron gran apego por la criatura. Eran padres y reconocieron en ella los mismos gestos y expresiones que habían visto en sus bebés. Y así lo compartieron con el joven que, desde 1838 y hasta la prematura muerte de Jenny en 1839, la visitó varias veces con objeto de tomar notas acerca de su comportamiento. Es muy probable que Darwin la considerase una pariente viva muy cercana, aunque tuvimos que esperar; todavía no era el momento para desnudar al humano frente a la naturaleza. Optó por la prudencia, y se limitó a esa breve alusión directa que introdujo en el último capítulo de *El origen de las especies*. Mientras, aguantó, como pudo, los embates de la academia. Tarea nada fácil, más si tenemos en cuenta que alguno de los ataques más brillantes vino abanderado por un digno seguidor de George Cuvier. El polémico y siempre genial *sir* Richard Owen. Al que ya he definido como el Moriarty de Darwin.

Choque de titanes

El Real Colegio de Cirujanos de Londres esconde uno de los mayores tesoros científicos del planeta. Tuve la oportunidad de descubrirlo en una de esas más que productivas y emocionantes prospecciones por la capital británica. Jamás existe tiempo suficiente. A orillas del Támesis siempre topas con nuevos santuarios de la ciencia; desde los más flamantes, como el Museo de Historia Natural, hasta los menos evidentes: por ejemplo, la pequeña placa azul que, en Gower Street, indica el domicilio de Darwin durante su estancia en el barrio de Bloomsbury, entre 1838 y 1842. Paso por allí cuando, al salir del *British* y saludar a Virginia Woolf —vivió unos años en Fitzroy Square—, me dirijo de camino a una institución museística más «modesta»: el Museo Grant de Zoología.

Está a solo unos pasos del lugar donde se ubicaron las habitaciones londinenses de los Darwin —hoy ocupadas por los edificios del University College de Londres—, y aunque sus salas no tienen las dimensiones del homónimo en South Kensington, posee las colecciones de historia natural más antiguas del Reino Unido. La institución fue fundada, en 1827, por Robert E. Grant. El mundo es un pañuelo; Grant había dado clases de Zoología a su vecino en Gower Street mientras este fracasaba en los estudios de Medicina: la etapa de Darwin en la Universidad de Edimburgo... poco antes de que su padre lo enviase a Cambridge.

Grant acogió al joven Charles en la Sociedad Pliniana de Edimburgo y juntos presentaron un trabajo científico sobre invertebrados marinos; el primero en la trayectoria de Darwin. Y es que aquel joven siempre había sentido una especial atracción por la naturaleza, aunque fuera desde una vertiente de mero coleccionista: le encantaba recolectar escarabajos de todo tipo. Ya había en él madera de naturalista, pero no todavía de evolucionista. Grant admiraba los trabajos de uno de los colegas franceses de Lamarck, el naturalista Étienne Geoffroy Saint-Hilaire, pero antes del gran viaje ya sabemos que Darwin había ignorado toda visión evolucionista, incluso la de su abuelo Erasmus.

El bueno de Grant abandonó Edimburgo para ocupar la primera plaza de profesor de Anatomía comparada en Londres. Inspirado en las instituciones que acoge el Jardín de las Plantas de París, constató que una capital como Londres no disponía todavía de un gran museo de historia natural; en aquel momento las colecciones de ciencias naturales se exhibían en el Museo Británico como simples curiosidades. Luchó por fundar una institución que no estuviera dominada por la aristocracia, sino por los científicos, y lo consiguió: así nació el Museo de Zoología. Si a eso le añadimos que se enfrascó en diversas campañas de reivindicación social, y en defender el evolucionismo, rápido chocó con la oposición de los *tories,* que le acusaron de atentar contra los pilares del cristianismo. Aunque sus enemigos no solo surgieron del ámbito político, sino también desde dentro de la misma ciencia. Y aquí es donde hemos de situar, otra vez, a Richard Owen.

Owen era un monstruo en el terreno de la anatomía comparada. Si el capitán Robert FitzRoy había aprendido el oficio desde abajo, embarcando como guardiamarina a los catorce años, a los dieciséis Richard Owen ejercía como ayudante de un cirujano de su población natal, en Lancaster. Diseccionaban cadáveres de reclusos. Su entusiasmo y dedicación lo impulsaron hacia una carrera fulgurante donde siempre destacó como alumno aventajado entre sus profesores. Ellos le condujeron hasta el citado tesoro del Real Colegio de Cirujanos de Londres: la gran colección de esqueletos, modelos anatómicos y fósiles que había reunido John Hunter durante el siglo XVIII.

Hunter, *the Knife Man*, fue uno de los pioneros de la medicina y la cirugía modernas. Gracias a una holgada posición económica, dedicó toda su vida a recopilar el máximo de muestras sobre patologías humanas, pero también intentó coleccionar ejemplares de todos los animales que pudieran conocerse. Esto incluía la compra de especímenes exóticos; para ello pagaba sumas generosas a oficiales y marineros que embarcaban hacia lejanos destinos. Estos estaban encantados de vender, o regalar, cualquier nuevo ser que pudiera ser diseccionado por el preciso y afilado bisturí de John Hunter. Su museo creció, al igual que la obra y patrimonio científico del cirujano.

Hoy, las colecciones del Museo Hunteriano —lo que se salvó de los bombardeos durante la segunda guerra mundial— se exhiben en las salas remodeladas y bien documentadas del Colegio de Cirujanos. El problema es que, a principios del siglo XIX, las precisas notas de John Hunter se habían perdido, y nadie sabía cómo clasificar correctamente los miles de piezas que formaban parte del legado. La noticia se convirtió en todo un escándalo que salpicaba el prestigio de los cirujanos londinenses. Sabíamos mucho sobre la anatomía de la especie elegida, el *Homo sapiens*, pero muy poco acerca de los animales que campaban por los lugares más remotos del planeta, y menos los que procedían del pasado. Hunter había muerto y en el colegio anduvieron a ciegas hasta que apareció Owen. Con sus vastos conocimientos de anatomía comparada hizo de Linneo y ordenó aquel caos. Admirador del catastrofista George Cuvier, tuvo la oportunidad de conocerle cuando el francés viajó hasta Londres y visitó el Museo Hunteriano; a raíz de dicho encuentro, Owen recibió una invitación muy especial: acceder a la gran colección de anatomía comparada de París. Allí se familiarizó con el megaterio definido por Cuvier a partir de los fósiles que, procedentes de Argentina, se exhibían en Madrid.

En paralelo, durante la expedición del *HMS Beagle*, Darwin estaba a punto de desembarcar en la costa argentina; donde dio con los restos de grandes mamíferos extintos: entre otros, los armadillos gigantes (*Glyptodon*), un género desconocido que recibiría el nombre de *Toxodon* y huesos del susodicho *Megatherium americanum*. Todo anatomista en Gran Bretaña habría querido ser el primero en estudiarlos. Y Robert E. Grant cumplía con los requisitos; tenía la experiencia de haber fundado el Museo de Zoología, era destacado profesor de Anatomía comparada y, además, Darwin y él se conocían. Pero la proyección de Richard Owen era tan grande como su propio ego; ya había mantenido diferentes encontronazos con Grant y se ocupó de eclipsarle. La genialidad del científico siempre anduvo paralela a una actitud altiva y belicosa. Así, coincidiendo con el regreso del *Beagle* a Inglaterra, en 1836, y una vez afianzada su plaza como profesor del Colegio de Cirujanos, Owen hizo todo lo posible para que Grant no pudiera avanzar en sus investigaciones. De una manera u otra, las criaturas gigantes recolectadas por Darwin, acabaron en manos de Richard Owen.

Nadie puede negar a Owen una mente preclara; todo un fuera de serie en el terreno de la anatomía. Por ejemplo, además de sus trabajos sobre el *Nautilus* —en la Galería Nacional de Retratos está inmortalizado junto al molusco—, dedujo la existencia de un ave extinta procedente de Nueva Zelanda, el moa; y todo a partir de un único hueso fósil mal clasificado en Londres. También fue el padre del término «dinosaurio». Sin duda, reunía méritos más que suficientes para encargarse, entre otros especímenes, de la macrofauna argentina. Para él supuso una alegría reencontrarse con fósiles del megaterio. No es extraño que, en una caricatura de Frederick Walley publicada en 1873, aparezca Richard Owen cabalgando a lomos del mamífero extinto. Por supuesto que, a diferencia de Darwin con las tortugas gigantes, Owen no intentó montar un perezoso colosal, pero sí domar la situación que generó la publicación de *El origen de las especies*. Y es que, paradojas de la vida, los fósiles de Darwin fueron a parar a manos del que se convertiría en su gran enemigo científico. En el terreno de la ficción, las grandes dotes de observación y deducción de Sherlock Holmes solo pudieron ser igualadas, o superadas, por otro oponente de la misma talla: el profesor Moriarty. Y Darwin tuvo a Owen como feroz adversario científico.

Al principio, la relación había sido excelente. Owen se mostró muy agradecido con el joven y entusiasta Darwin; le había provisto de unos ejemplares fascinantes. Y Charles veía al profesor como un ilustre anatomista plenamente dedicado a la ciencia: había renunciado a una prometedora carrera como cirujano para focalizarse en la investigación desde el Museo Hunteriano. La admiración y amistad eran mutuas. Todo cambió cuando el joven viajero devino rival científico. Y eso fue con la publicación de *El origen de las especies*. Owen estaba más o menos de acuerdo con la posibilidad del cambio y la transformación de la vida, pero se declaró antidarwinista. No estaba dispuesto a aceptar que la naturaleza tuviese la capacidad de controlar los designios de la vida: la selección natural que proponía Darwin. Se negaba a admitir que el megaterio gigante hubiese evolucionado hacia el perezoso actual tras paulatinos cambios fijados o eliminados por el medio.

Todo hubiera podido quedar en una simple diferencia de criterios —la ciencia avanza a través de la discusión—, pero Owen no era de los que se dejaban pisotear, y adoptó un tono agrio y belicoso. Había mantenido acaloradas disputas con otros colegas, y siguió en la misma línea a lo largo de toda su vida. De hecho, tanto el óleo como la escultura de bronce conservados en el Museo de Historia Natural de Londres, muestran a un hombre de facciones duras y mirada inquietante; el rostro envejecido de Owen no transmite precisamente afabilidad, sino más bien lo contrario. Darwin, en cambio, incluso en los momentos más duros tras la publicación de *El origen de las especies* rehuyó la confrontación. Aun así, en una de sus cartas, confiesa no entender el porqué de la actitud de aquel científico al que tanto había idolatrado. Owen y Darwin jamás volverían a ser amigos y las maquinaciones del primero estuvieron a la altura de la mejor versión de Moriarty. Proveyó de munición a los muchos detractores del darwinismo.

También es cierto que, poco a poco, la ciencia fue abriéndose a la posibilidad de la mutabilidad de las especies y esto permitió, con más o menos entusiasmo, asimilar *El origen de las especies*. Ahora bien, ya hemos dicho que, además de una revolución en la historia de la ciencia, el darwinismo suponía una revolución en la historia de la humanidad.

Aceptar las ideas sobre la selección natural significaba, a la vez, admitir que el ser humano formaba parte de un punto perdido entre toda la maraña del árbol de la vida. Por eso, buena parte de la lucha contra el darwinismo se centró en proteger, antes de que fuera demasiado tarde, la posición privilegiada del *Homo sapiens*.

En pocas palabras, evolución sí; a regañadientes, pero sí. Podía acabar siendo aceptable para los gusanos y los megaterios (siempre que no te llamaras Richard Owen), pero otra historia muy diferente eran los humanos.

Vida en la sabana

Faltaba poco para que amaneciese, y el esqueleto de acacias y baobabs se recortaba en un cielo de nubes rojizas y anaranjadas. Las estrellas de mayor magnitud titilaban en el cielo austral, y el aire de la sabana todavía era frío. Pronto acompañaríamos al grupo de cazadores-recolectores durante su jornada diaria. Estábamos en medio de uno de los territorios más extraordinarios de África: la cuenca del lago Eyasi, en Tanzania. Al suroeste de los relieves del vecino Ngorongoro. Ahora solo eran manchas y colores no definidos, pero, sobre todo en la estación seca, contrasta la frondosidad forestal que puebla la ladera de los volcanes con la aridez de la zona que ocupan unos pocos grupos de cazadores-recolectores que, desde hace milenios, habitan esta tierra. Son los hadzabe.

En el siglo XIX, o principios del XX, me habrían parecido seres bárbaros e inferiores. Visten con pieles, además de algunas ropas livianas, y cazan con arcos y flechas. Viven de forma nómada al abrigo de rocas, pequeñas cabañas circulares de ramas y hojas entrecruzadas o, simplemente, al raso, según los días de pernocta en el *bush*. En el pasado, hubiera recogido muestras de sus artilugios, los habría retratado con lápiz y plumilla en mi cuaderno de campo, e incluso raptado para llevarlos a un zoo humano europeo; hubo en Londres, París, Barcelona, Madrid, etc. Eran considerados «salvajes». Pero no. Son tan contemporáneos como el *Homo sapiens* que les consideró pueblos primitivos. Lo único es que viven en otro tipo de ecosistema y con una economía muy diferente. Ya lo dice su descriptivo antropológico: cazan y recolectan. Aunque sería más exacto decir recolectores-cazadores, pues la mayoría de los pueblos humanos predadores, tanto del pasado como actuales, tienen un mayor aporte de dieta vegetariana.

Mientras que las mujeres se dedican, básicamente, a las tareas de recolección de todo tipo de frutos, tubérculos, semillas, cortezas, etcétera, y con ello se erigen en el principal pilar en la economía de subsistencia de la banda, los hombres, cuando salen para sus actividades cinegéticas tradicionales, no siempre regresan con la tan ansiada presa. Y es que muchas veces hablamos de los animales invisibles —y hemos de hacer todo lo posible por su conservación—, pero la humanidad también está acabando con el patrimonio cultural de su propia especie.

En Eyasi, la presión procedente de otros grupos humanos, a los que el hadzabe jamás prohibió ocupar el territorio —ellos no se consideran dueños de ninguna tierra—, ha diezmado a esta población que se distribuye en pequeños grupos de entre veinte y veinticinco personas de media. Se calcula que solo quedan unos cuatrocientos viviendo de forma tradicional. Además, a partir de la constitución del Área de Conservación de Ngorongoro, se les prohibió cazar y recolectar en la zona protegida. Por supuesto que era necesario controlar la implantación de comunidades agrícolas y ganaderas, así como la caza mayor que estaba extinguiendo la fauna salvaje tanto dentro como en los aledaños del cráter. Pero la medida supuso un duro golpe para los hadzabe; ellos no portaban aquellos rifles de gran calibre con los que se habían practicado verdaderas matanzas, sino que empuñan arcos y flechas. Solo cazan aquello que comen.

Para los hadzabe la caza no es un deporte, ni una distracción, sino un método de supervivencia semejante a lo que podemos observar entre un grupo de leones del mismo Ngorongoro. Y cuando vieron que su hábitat quedaba circunscrito a la zona del lago Eyasi, comprobaron que aquel territorio no siempre era hospitalario. Durante meses, los ríos se secan y la presencia, entonces, de plantas y animales salvajes es menor. A esto se añadió la expansión del ganado de otros pueblos, como los datoga y los maasai, y el arribo de comunidades agrícolas sedentarias que han transformado el medio: quema de grandes áreas de vegetación para habilitar campos de cultivo, tala constante para la obtención de carbón y materiales de construcción destinados a edificar casas sedentarias, proliferación de plásticos, chatarra...

Por todo ello, y más, sentado junto a ellos frente al fuego de campamento, mientras las llamas iluminan los rostros de aquellos que intentan coger calor antes de la partida, solo puedo mirarlos con deferencia. Allí, acogido en su morada todavía sumergida en la penumbra, el único ser inferior soy yo. Son capaces de sobrevivir con poco y sin odios ni remilgos. Solo tienen que afilar el extremo de las flechas, tensar la cuerda del arco, hecha con el tendón de Aquiles de un antílope, y ya están listos. El blanco, en cambio, debe repasar el equipo y no olvidar nada: sombrero para cuando apriete el sol, GPS, agua —mucha agua—, algo de comida envasada, botiquín, cámara, baterías y el cuaderno de notas, por citar unas cuantas cosas. ¿Quién es el superior? Ellas y ellos.

Podría incluso envalentonarme y presumir de que ya soy capaz de sobrevivir en medio de la sabana. Durante años he aprendido mucho de los hadzabe pero... seamos realistas: no me he criado ni crecí en su medio. Resisto con menos agua que antes (eso sí... potabilizada), me oriento con sus señales, sigo los rastros más evidentes y esquivo los peligros visibles e invisibles; aun así sigo dependiendo del equipo *Made in China*, *Japan* o *Germany*, y mi piel se destroza con las púas de acacia y arbustos espinosos que debemos atravesar. El hadzabe, con su pequeño cuerpo, serpentea por intuitivos túneles que descubre en la vegetación más hostil; mientras, la larguirucha carrocería de este primate alguna vez se queda atascada en la telaraña vegetal. Entonces es cuando aprendes a prescindir de toda integridad para con tu vestuario y cutis —acabas ensangrentado—, y te preguntas por qué su oscura piel solo presenta líneas blanquecinas de las que no brota ni una sola gota carmesí; incluso cuando, con la habilidad del leopardo, rescatan la flecha perdida entre las ramas de un árbol repleto de púas. La respuesta es fácil; están curtidos en el ambiente, y son los amos de aquello... aunque no quieran hacer valer dicha prebenda y sigan viviendo libres.

Aquella mañana les acompañaría a una partida de caza; eran pocos, pero de diferentes edades: adultos, jóvenes y niños. Es la escuela hadzabe; sin aulas, pupitres ni libros. Sabía que el resultado de la jornada no estaba escrito; economía de subsistencia... no puedes aventurar qué capturarás ni comerás, ni cuándo. Al principio hicieron diana sobre unas pocas aves. Antaño, cuando el hábitat natural de los hadzabe no era compartido con otras etnias, los elefantes, jirafas y grandes antílopes abundaban en la zona. A ellos destinan sus flechas envenenadas; las emponzoñan con una pasta vegetal obtenida a base de machacar el interior de una planta llamada rosa del desierto. Sus flores son preciosas, pero las entrañas del vegetal esconden un tóxico muy potente. Extraen y hierven la savia, para colocar la ennegrecida y pegajosa masa en la base de la punta de sus flechas; son diferentes a las utilizadas para cazar pájaros y otros pequeños animales (más largas y sin punta enmangada, es decir, simplemente afiladas con el cuchillo). Bajo los pedúnculos, el veneno forma una costra negra letal. Cuando la saeta se clava en el cuerpo del animal, el veneno se disuelve, y lo va debilitando poco a poco hasta matarlo; por lo que, en función del tamaño, deben seguir a la presa durante horas o días. Finalmente la rematan; en ese momento, como prueba de la movilidad del nómada, todo el grupo (mujeres, pequeños y hombres) se desplaza hasta el lugar donde ha caído la captura. En el mejor de los casos, son cientos de kilos de carne que distribuyen de forma equitativa entre todos los integrantes del grupo. Lo mismo ocurre con los tubérculos, la miel de abejas salvajes o los frutos del baobab recolectados por las mujeres; tanto la caza como la recolección se reparten entre los miembros de la comunidad. Durante días pueden levantar un campamento alrededor de aquellos restos; habría sido mucho más costoso trasladar las pesadas piezas descuartizadas hasta el hogar base anterior.

Acostumbrado a observar el comportamiento de los primates, elefantes y otras especies animales en vida, topar con la muerte del sujeto de estudio supone un *shock*. Mentiría si dijese que la primera vez que vi el cuerpo de un mono de cara negra atravesado por una flecha hadzabe fue algo irrelevante para mí. Los científicos también somos personas, y no todo es frío y distante. De improviso, te preguntas qué haces contemplando la mirada de aquel animal. Pero en la mochila llevas una lata de atún pescado en el océano, o un bocadillo de jamón o embutido. Mi sustento.

Nadie habría de cuestionar al leopardo cuando atrapa a una simpática gacela de Thomson. El documental que estamos viendo por televisión quizá nos habla de la historia de ese grupo de gacelas, y de cuándo nació la protagonista. Muchos desearían que escape de las garras del felino, pero la naturaleza no sigue el guion de una película con final feliz. Ya lo dijo Darwin, a nuestros ojos, la naturaleza parece cruel, pues observamos cómo unos matan a otros, pero esto forma parte de la supervivencia. Si le damos la vuelta a la historia, o cambiamos de canal para ver otro documental, la leoparda que embosca a una gacela es muy posible que se encuentre al borde de la inanición, y que tenga que sustentar a sus cachorros. La ley natural es clara: si triunfa el leopardo, la gacela muere, y si escapa la gacela, el leopardo y sus crías perecen. Es la vida de la sabana: la cadena trófica.

Por mayor estima y atracción que profese hacia el mundo animal, la caza de los hadzabe es clave para su supervivencia. Lo que se abate es para ser comido, y merece el mayor de los respetos; y es que los hadzabe también se consideran animales.

Somos animales

La partida de caza siguió avanzando. Cruzamos el cauce seco de los ríos estacionales, reptamos por debajo de los arbustos y escalamos las rocas rojizas que, como atalayas, se erigen en puntos de vigía. Una vez, allí cerca, vi cómo capturaban a un gran babuino macho. Le acertaron con una flecha. Y no es fácil. Huyen rápido al oír acercarse a los humanos, y más desde que la escasez de animales grandes hace que los hadzabe dependan de presas menores. Pero los hadzabe son extremadamente sigilosos.

El babuino es muy preciado; lo consideran un animal mágico. Su carne, además de sustento, es medicina. Recuerdo la cara de satisfacción que se dibujó entre los integrantes de la cacería; era un grupo de composición parecida a la que acompañaba ahora. El niño más pequeño, con orgullo, cargó el primate inerte sobre sus hombros y empezó a transportarlo. Esta vez no sería como cuando regresaban con solo unos cuantos pájaros, sino que habría suficiente carne para repartir con el resto del grupo. Ahora bien, el campamento estaba lejos y era mejor consumir aquellas partes que se deterioran más rápido: las vísceras.

Una vez más, me fijé en cómo descuartizan la presa con la ayuda de sus cuchillos. Antes fueron de piedra, ahora de metal. Intercambian la miel que extraen de las profundidades de un baobab, o del interior de una planta pie de elefante, por puntas de flecha y cuchillas metálicas; y es que los ganaderos datoga, amos de fraguas casi sacadas de la Edad del Hierro, tienen buenos herreros. La hoja, enmangada con piel y madera, no es la de un bisturí, pero con precisión encomiable los hadzabe son capaces de diseccionar el abdomen siguiendo los mismos pasos practicados en una delicada intervención quirúrgica gastrointestinal. Todo corte sigue un meticuloso orden cuya finalidad está más que clara: extraer las vísceras y desarticular al babuino. Al mismo tiempo, cualquier gesto está pautado y pensado con el objeto de no perturbar al animal que, habiéndose dejado matar, permite que otros semejantes —los humanos— puedan subsistir. Lo supe cuando manipulaban la cabeza del primate para hacerse con el cerebro; es una de las partes más deseadas.

La colocaron sobre las llamas del fuego que, en un suspiro, habían fabricado por fricción: hacen girar, con las manos, la fina vara vertical, cuyo extremo rota sobre una base de madera. Pero lo curioso fue el cuidado que pusieron en no dañar los ojos del babuino. A través del intérprete —hablan una lengua khoisánida de clics y chasquidos— les pregunté el porqué, y me dijeron que era para no dejarle ciego. Aquel ser, incluso una vez muerto, merecía el mayor de los respetos. Había caído para que el pueblo hadzabe pudiera seguir existiendo y, si le privaban de visión, él lo explicaría al resto de los animales. Ya ningún ser vivo daría su vida por ellos, o al menos por aquellos cazadores.

Hoy eran otros. Les seguí hasta lo alto del *kopi*. Así se les llama, en suajili, a unas formaciones geológicas bautizadas por los europeos como *kopjes*; rocas graníticas que, semejantes a islas, emergen en medio de los extensos océanos de gramíneas en el Serengeti, aunque también las encontramos en otros muchos puntos de África; se han hecho famosos gracias a Disney. El visitante siempre cree que encima del *kopi* reposa *Simba: el rey león*. Bien, no siempre está, tampoco estaba la reina aquel día; y no solo porque las coronas sean un artificio en el mundo animal, sino porque, de haber sabido que estaban en casa, habría evitado coincidir con ellos cerca de la hora del almuerzo. Tampoco tenía mucho mérito mi sentido de la precaución... los hadzabe ya estaban arriba; la mejor garantía de que la cima del *kopi* era terreno seguro.

Los cazadores más diestros —la edad y experiencia es algo que se valora en la sociedad hadzabe— empezaron a señalar hacia un punto lejano. Pronto se les unieron los más jóvenes. Colocaban la palma de su mano en la frente a modo de visera; el sol estaba subiendo y debían regresar, una vez más, sin una buena captura. Las flechas envenenadas, así como las que portan puntas lanceoladas (las utilizadas para abatir diminutos antílopes dik-dik, gálagos, damanes de las rocas, puercoespines, etc.), no habían sido disparadas. El carcaj no existe en su cultura y las transportan siempre cogidas en el puño, junto al arco y el palo para hacer fuego. Alargar la prospección, bajo una elevada temperatura y cuando los animales son menos activos, hubiera supuesto un gasto energético incapaz de ser suplido por el hallazgo de nuevas pequeñas presas. Habría que contentarse con lo ingerido por el camino (pequeños frutos y alguno de los pajarillos) y esperar que la recolección de las mujeres hubiera sido exitosa; la degradación del hábitat también hace que ellas tengan más dificultades para hallar recursos. La vida del hadzabe no es fácil en la actualidad. ¿El entusiasmo y agitación entre los vigías estaba a punto de cambiar esa suerte?

Uno de los veteranos decía haber visto, entre los arbustos, un kudú. Es un gran animal; los machos más voluminosos pueden alcanzar los trescientos kilos. Sin duda, para la veintena de individuos del grupo hadzabe, una presa como esta significaría una deseada y necesaria fuente de alimento para varios días; incluso podrían compartirla con otros clanes hadzabe cercanos. Pero primero había que hacerse con él. El avistamiento se produjo desde muy lejos, y ya se había escondido entre los arbustos espinosos. Entonces ocurrió lo ya experimentado en anteriores ocasiones. Descubres la velocidad punta de estos hombres, a los que los colonos europeos llamaron despectivamente bosquimanos, y cuya genética es la más emparentada con los primeros *Homo sapiens* que, hace más de 250.000 años, aparecieron en el continente africano. A esto le llamo yo noble linaje, y lo demás son tonterías.

Aunque durante nuestras pesquisas etnográficas evitamos alterar sus hábitos, sé que los hadzabe no me quitan el ojo de encima. Intentas seguir su ritmo de marcha, pero a una cierta distancia para no fastidiarles la caza y no parecer una garrapata pegada a ellos; aun así, sabes, y he podido comprobarlo, que alguna mano aparecerá si te encuentras en apuros. Bueno, con una única excepción.

Tengo cierto magnetismo con la mamba negra, de ahí que firmase un pacto mutuo de no agresión a raíz del primer encuentro con una de ellas. Fue mi primer año en África. Acompañado por los guerreros maasai del lago Natron cometí la osadía de pisar, accidentalmente, a la serpiente más venenosa y certera del planeta. Me perdonó y, dolorida, salió corriendo junto a los jóvenes *ilmoran* que escaparon en todas direcciones. Y es que la mamba negra tiene la costumbre de generar reacciones parecidas, incluso entre los hadzabe. De lo contrario, que se lo digan a Marcos Carrasco. Andábamos los dos por un río seco cuando una enorme mamba negra —mediría unos dos metros— cruzó, serpenteando, de una margen a la otra del lecho fluvial. De repente, todos los hadzabe desaparecieron de la escena. Los perros, en verdadera actitud kamikaze, pero demostrando por qué acompañaron al ser humano desde el Paleolítico, se enfrentaron a ella. Sin pensarlo, como un suspiro, vencimos la pendiente del talud derecho y ambos acabamos agarrados a un tronco; la idea era no caer al mismo punto donde, poco más de un segundo antes mirábamos a la mamba. Vimos la dirección que llevaba el rápido ofidio, pero ni señal de los hadzabe hasta que la punta de la cola del réptil desapareció. En ese preciso momento, como si les hubieran teletransportado a la *USS Enterprise*, se materializaron para agarrar a los fieles cánidos. En pocas palabras, salvo por la mamba negra, los hadzabe siempre estarán ahí para sacarte de un contratiempo. Otra salvedad es que se cruce un kudú en su camino.

Sin mediar palabra, como cabras montesas —para aquella parte del mundo quizá sería mejor hablar del pequeño saltarrocas—, la cuadrilla empezó a correr *kopi* abajo. La carrera fue infernal; ya hemos dicho que apretaba el calor y yo iba cargado con todos los aperos del explorador «civilizado». Iban con rumbo directo hacia el lugar donde habían visto al kudú, y directo significa eso: en línea recta. Para nada importaban las peligrosas hojas espada de la planta oldupai; te perforan una pantorrilla como si fuera mantequilla, a no ser que prefieras una artroscopia en la rodilla. Tampoco les frenaban las alambradas naturales formadas por varias especies de arbustos espinosos; ellos tiraban por el medio. Me creí a salvo cuando se detuvieron en una zona de finos sedimentos rojizos; habían detectado las huellas del gran antílope. Allí, en vez de hablar, uno de los perseguidores empezó a gesticular y retorcer su elástico cuerpo; colocó las manos en la cabeza imitando los cuernos del animal y, de forma increíble, aquel humano delgado y fibrado, cubierto con pieles curtidas y ornamentos de cuentas multicolor, pareció transformarse en un kudú. Sus piernas, la cadencia con la que realizó aquella especie de coreografía, me recordaron a los movimientos del espléndido cuadrúpedo. Nos estaba comunicando a sus compañeros y a mí —la vanidad hace que me incluya— el camino que había tomado la presa.

No había acabado de anotar todo aquello en el cuaderno de campo cuando comprobé que salían lanzados de nuevo. Los adultos portaban sandalias y los más pequeños iban descalzos... pero desafiaban a la física; igual que su piel es una coraza, las espinas de acacia caídas al suelo, las mismas que atraviesan una gruesa suela de bota, no son impedimento para los hadzabe. Saben cómo pisar y, adaptados a vivir sin los pies metidos en calzado, corren inmutables.

Jadeante y lleno de rasguños llegué a la segunda parada; era una torrentera plagada de guijarros de cuarzo, cuarcita y granito. Los materiales que, junto con el basalto, utilizaron los hadzabe para fabricar sus artefactos; muchísimo antes, lo hicieron los primeros homininos que protagonizaron la evolución humana en África. La garganta de Oldupai no está muy lejos de Eyasi; al otro lado del Ngorongoro. Por un momento, pensé que habían perdido el rastro. Huellas sobre piedras tan duras como aquellas se me antojaron imposibles, pero tras unos minutos, señalaron con la palma de la mano extendida hacia el suelo rocoso. Había una minúscula, casi microscópica, mancha de sangre. ¿Cómo habían distinguido tan mínimo vestigio sobre una roca cuyo córtex también era rojo? Avanzaron y dieron con nuevas pruebas (y sin las lámparas ultravioleta que popularizaron los forenses de diseño en la serie *CSI*). El kudú estaba herido, pero lejos; según el estado físico del animal, la persecución podía alargarse no horas, sino incluso un par de días; el antílope es esquivo, ágil y veloz. Solo dos cazadores continuarían el seguimiento mientras que el resto regresaría al campamento; yo con ellos. Antes de que marchasen a paso ligero, observé cómo verificaban el estado de sus flechas envenenadas; a veces las transportan con una cinta de piel enroscada alrededor de la punta... así se protegen de los accidentes al manipularlas. Mis simpatías estaban a partes iguales con el kudú y los hadzabe... allí no vencería el poseer un moderno todoterreno desde el que disparar con un potente fusil, sino el mejor adaptado; siempre que no se cruzasen con las reglas de otros humanos: las normas del Área de Conservación de Ngorongoro. En efecto, si el kudú se adentraba en los bosques protegidos, los hadzabe estarían obligados a detener la persecución y quedarse sin sustento.

Leopardos, leones, guepardos o hienas son animales que, junto a muchos otros, pueden cazar dentro de los límites de la zona de conservación, pero no así los hadzabe. La ley prohíbe a los humanos cazar para así preservar la fauna. Una medida necesaria para evitar las masacres, tanto legales como descontroladas, que otrora hicieron peligrar las poblaciones de muchas especies locales; pero, al mismo tiempo, injusta para los hadzabe. Estaban aquí desde hace milenios y dependen de la caza para sobrevivir. Por supuesto que otros humanos podríamos hacer valer el mismo pedigrí, pero optamos por formas alternativas de subsistencia. No tiene sentido que disparemos a un elefante, o a un kudú, cuando el supermercado y la tienda de la esquina venden de todo.

Desde nuestro mundo empezamos a alejarnos y desvincularnos de la vida en las sabanas, selvas y montañas. Por lo tanto, abatir al elefante o al kudú se convirtió en bien de prestigio; la obtención del mero trofeo con el que, una vez colgado de la pared, se simboliza la superioridad de la especie elegida por encima del animal. Humano versus animal. Lo cual contrasta con la visión hadzabe de la naturaleza. Uno de ellos me preguntó por qué tenían prohibido acceder al Ngorongoro; habían herido a un eland (el antílope gigante) con una flecha envenenada, y lo siguieron durante días hasta que penetró en el área protegida. Allí lo remató un leopardo, pues a ellos se les denegó el acceso. Era incapaz de comprender la distinción y discriminación que se hacía entre felino y humano: «No lo entendemos, los leopardos y los hadzabe somos animales».

En efecto, somos animales. Una mujer o un hombre hadzabe, sin necesidad de academias, simplemente mediante la observación del medio, no tiene reparo alguno en considerarse un elemento más en el seno de la naturaleza. ¿Por qué a nosotros nos cuesta tanto bajar del pedestal?

Una abuela y un abuelo simios

Fue en el Bosque Impenetrable de Bwindi, en Uganda. Tras una larga marcha en pos de un grupo de gorilas de montaña dimos con ellos en un paisaje absolutamente maravilloso. El pequeño riachuelo, las masas de helechos y un ficus cargado de frutos hacían las delicias de aquella familia primate. Pero surgió un imprevisto. Los chimpancés, sus vecinos, también querían hacerse con las golosinas del árbol. Dado que en lo alto del ficus estaban encaramados varios gorilas jóvenes, el macho *silverback* se puso en guardia por si los chimpancés osaban asaltar la fuente de comida y esto exponía la integridad de los jovenzuelos. Nuestro pequeño comando humano se encontraba en medio de la línea de fuego... en tierra de nadie.

De improviso, el espalda plateada se irguió sobre sus dos piernas e inició un sonoro y espectacular *display* agonístico. A su paso agitaba ramas, golpeaba troncos y erizaba el pelaje... y nos hallábamos en su trayectoria. La escena era tan impresionante que, desde la distancia de seguridad sanitaria que siempre hemos de guardar, me mantuve quieto, pero sin perder detalle de la espectacular muestra de bipedismo ocasional con la que nos obsequiaba el gorila. Sabía que aquello no iba contra nosotros, sino contra otros primos cercanos: los chimpancés. Pero, claro, cómo explicárselo, en segundos, al tercer primo: los humanos que me acompañaban. Era su primera experiencia con gorilas en libertad y, por mucha teoría y protocolo que hubieran escuchado en el *briefing*, se abalanzaron sobre mi inmóvil figura. Me agarraron piernas, cintura, tronco y cuello; ya no podía ni tan siquiera agacharme. Por suerte, mi cara quedó al descubierto y tuve el rostro de un espalda plateada, de pie, a escasos centímetros de ambos ojos; ahí se detuvo en seco tras una corta carrera que hizo temblar todos los cimientos del bosque. Lo dicho, no éramos la amenaza. Nos había regalado un momento inolvidable. Una experiencia que no pude compartir con el resto de los *Homo sapiens*, si exceptuamos a los *rangers* ugandeses que miraban divertidos al amasijo de *wazungu*: seguían apretando con los ojos cerrados y los dedos tensados contra el pantalón y chubasquero. No me sentí como un superhéroe, pues el parapeto al que estaban asidos tan solo fue un placebo... conozco mis limitaciones; allí mandaba el gorila.

Al cabo de unos minutos, el *silverback* se recostó cerca del lugar donde fotografiaba un helecho. De reojo, estuvimos escrutándonos un largo rato. Incluso tuvo el detalle de imitarme y estudiar, también él, un pequeño brote vegetal. Lo tocó disimuladamente con un dedo, y lo inspeccionó con la nariz casi pegada al suelo; hacía de naturalista. Me sentí como el observador observado. Lo mismo que debió pensar Charles R. Darwin cuando conoció a la orangutana Jenny.

Es evidente el parentesco que nos une a los grandes primates antropomorfos; por lo tanto, si ellos son animales, nosotros también. Pero es una situación que, como ya hemos indicado, incomodó a muchos, y sigue incomodando. Ojalá todos regresáramos a la infancia y pudiésemos observar el mundo que nos rodea sin prejuicios. Joan, mi hijo, la primera vez que vio a un chimpancé —debía de tener tres o cuatro años— chilló: «¡Parece una persona!». Lo cual me trasladó a cuando, de muy pequeño, durante una visita escolar al Zoo de Barcelona, lejos de Uganda, también topé con la mirada de otro gorila; en este caso, un infante: Urko. Era hijo de Nfumu Ngi, el gorila albino, más conocido como Copito de Nieve, que procedía de las selvas de Guinea Ecuatorial. Allí, en el antiguo pabellón de los grandes simios, mientras permanecía sentado en el suelo escuchando al biólogo educador, noté que, a mis espaldas, alguien golpeaba el cristal. Contemplé los ojos del gorila de muy cerca, y él a mí. A partir de aquel momento quise saber por qué su mirada era tan parecida a la nuestra, o la nuestra a la suya. Y hallé la respuesta gracias a Darwin.

En algunos libros infantiles y juveniles, por ejemplo, los dedicados a grandes personajes de la historia, era habitual que Charles R. Darwin apareciese representado como una esfinge; la diferencia es que aquí no se trataba de una cabeza humana con cuerpo de león, sino del barbudo rostro de Darwin pegado a un cuerpo peludo de simio. El «venimos del mono» marcaría, para siempre, al científico. Pero, lo hemos comentado antes, no fue algo que Darwin avanzara en *El origen de las especies*; es una expresión, a la vez que burla, popularizada a raíz de un famoso debate que tendría lugar el año 1860 en Oxford. Efectivamente, a los pocos meses de la publicación de la gran obra, se celebró la reunión de la Asociación Británica para el Avance de la Ciencia, y en ella se dieron cita varios personajes cuyos nombres ha llegado el momento de rescatar.

Richard Owen había publicado un mordaz trabajo en el que criticaba con dureza la obra de Darwin; y lo mismo había hecho, aunque de forma anónima, el obispo de Oxford, Samuel Wilberforce, también llamado Sam el Meloso o Sam el Jabonoso, pues solía frotarse las manos con insistencia durante las clases y sermones. Era evidente que, jugando en casa, las posiciones antidarwinistas podían vencer, con facilidad, a las darwinistas. Lo paradójico es que Darwin no asistió; tanto la enfermedad, como la aversión a los eventos públicos (según Emma podían alterar su estado anímico), le impulsaron a quedarse en casa. Sí que participaron algunos de los mosqueteros: su fiel defensor Thomas H. Huxley, el cual acababa de presentar un artículo donde apostaba claramente por las ideas de Darwin, Joseph D. Hooker y John Stevens Henslow.

Pocas veces hablamos de Henslow, pero fue un personaje crucial para la trayectoria de Darwin. Durante su etapa de estudiante en Cambridge, los compañeros se referían a él diciendo «aquel que siempre anda con Henslow». Además, tiempo más tarde, el botánico y clérigo fue quien recomendó a Darwin para una plaza en el *HMS Beagle*. Henslow, sin duda, fue una figura admirable, pues no es nada común dar con alguien que, aun a pesar de sus ideas o creencias, sea capaz de escuchar, convivir e incluso impulsar opiniones contrarias. Lo hizo Emma Darwin, y también lo demostró Henslow. Como teólogo, y contrario a muchas de las sospechas que pasaban por la mente del naturalista, podría haber obstaculizado o minado los trabajos de su discípulo; en cambio, siempre le apoyó y alentó para que profundizase en ellos y los publicase. No es de extrañar que, cuando Samuel Wilberforce y otros declarados antievolucionistas supieron que Henslow presidiría el debate, hicieron todo lo posible para que la presidencia pasara a manos de Richard Owen. Pero no lo consiguieron.

Mi estreno en el Museo Universitario de Historia Natural de Oxford —unos capítulos antes hablábamos del dodo de Lewis Carroll— tuvo un claro objetivo. Quería saber si todavía existía la famosa sala donde se celebró el gran debate de Oxford. Avanzo que fue mucho más fácil que hallar la piedra de molino en Down House. Subí por una de las escalinatas laterales hasta la planta superior del claustro; las columnas de cada arco están esculpidas en alguno de los minerales o rocas que se hallan en Oxfordshire. Atisbé varias puertas de madera y, en una de ellas, la placa colocada a la izquierda hacía mención a tan trascendental evento. Hasta hace unos años, el lugar era poco transitado pues, más allá del portalón y la inscripción conmemorativa, las familias preferían hacerse una foto con los dinosaurios que, desde el piso superior, no parecen tan fieros. Pero que se abriera una cafetería-restaurante ha hecho que un puñado de mesas y sillas contemporáneas, más los visitantes saciando sed y hambre, distorsionen un poco el viaje en el tiempo. Y es que, en junio de 1860, aquello debió de ser un hervidero de gente, ciencia y malas artes. De hecho, la ubicación final del debate en esa sala fue porque el primer espacio previsto quedó superado ante la gran afluencia de público.

Los asistentes querían ser testigos de un combate entre evolucionistas y antievolucionistas, donde todo hacía presagiar la hecatombe de los primeros y el aplastante éxito de los segundos. Jóvenes estudiantes se añadieron en masa, y multitud de distinguidos caballeros y damas victorianos quisieron hacerse con una butaca. Seguía faltando Darwin, pero sí hizo acto de presencia su compañero de aventuras: el capitán Robert FitzRoy, quien con el apoyo de Charles R. Darwin había sido nombrado miembro de la prestigiosa Royal Society; aunque aquí acababan las buenas noticias. Había perdido a su primera esposa, había superado varias penalidades en Nueva Zelanda y, por razones de salud, lo habían relegado del servicio activo en la Royal Navy. Deprimido y olvidado, se culpaba de haber aceptado, a bordo, al mismo hombre que ahora hacía peligrar los fundamentos de la fe cristiana. Según FitzRoy, la verdad estaba en la Biblia y no en *El origen de las especies*. Y no era el único que pensaba así.

Dice la leyenda —no existe acta oficial— que, en una de las jornadas del debate, tras la intervención de Owen, el obispo de Oxford (Sam el Jabonoso) se dirigió a Thomas H. Huxley (el Bulldog de Darwin) de forma tan jocosa como imprudente. No se puede afirmar con rotundidad que la discusión fuera entre Wilberforce y Huxley —otros apuntan a que podría haber sido entre Wilberforce y Hooker—, pero parece ser que el clérigo quiso ganarse la simpatía de la audiencia esgrimiendo la siguiente pregunta: «¿Prefiere descender de un simio, por parte de abuelo o abuela?». Y sí, consiguió los aplausos, pataleos y gritos a favor de una buena parte de los presentes. Pero la respuesta —si he de escoger entre Huxley o Hooker apostaría por el primero—, no se hizo esperar: «Entre descender de un simio, o un hombre [como Wilberforce] que es capaz de introducir el ridículo en una discusión científica seria, sin dudarlo un momento, prefiero descender de un simio».

Las reacciones al gran debate de Oxford no se hicieron esperar y, a partir de aquí, se popularizó —hoy diríamos que se hizo viral— la idea de que Darwin había propuesto que veníamos del mono. No lo dijo en Oxford, ni lo escribió en *El origen de las especies*, pero, pasados los años, Darwin estaba a punto de remover, de nuevo, el baluarte más sagrado: nuestro egocentrismo. Junto con los percebes, megaterios, jirafas y pinzones, los humanos éramos animales descendientes de una única forma ancestral. La naturaleza nos había modelado también a nosotros y dependíamos de sus leyes. Todo quedó reflejado en el libro que publicó en 1871: *El origen del hombre*.

Venimos del mono, pero no de los monos actuales, sino de otros ya extintos. Al contrario de las caricaturas que le habían dedicado, Darwin propuso que el humano no descendía de un chimpancé, sino que compartíamos con ellos un mismo ancestro común; de ahí nuestra proximidad morfológica y conductual (hoy habría añadido la proximidad genética). Y es cierto. A partir de este ancestro común, una línea evolutiva dio lugar al chimpancé actual y otra línea evolutiva divergió hacia el *Homo sapiens*.

Hubo que esperar seis mil años después de la creación, según la cronología cristiana, para que la ciencia dejase bien claro lo mismo que habían constatado los hadzabe mucho tiempo antes: éramos un animal más en el seno de la naturaleza.

Capítulo 8

En la cuna de la humanidad

La cuna del linaje humano

Martin Pickford conducía el todoterreno por las colinas de Tugen, cerca del lago Baringo, en Kenia. La etnia de ganaderos pokot había preparado una fiesta para todos los integrantes del equipo de investigación. Iban a sacrificar una cabra y la comeríamos con ellos en el improvisado campamento base. Un pequeño grupo de investigadores habíamos unido esfuerzos con el proyecto del Instituto de Paleontología Humana de París que, desde hacía años, el mismo Pickford y la paleoantropóloga Brigitte Senut dirigían en la zona.

Camilo José Cela Conde, desde el puesto de copiloto, preguntó si mis rodillas iban bien. Supongo que las notaba clavadas en su espalda; y es que dentro de la cabina de aquel Toyota *pick-up* el espacio de los dos pasajeros era más bien estrecho. Pero el problema era la alegría y desenfreno con los que Martin conducía por aquella improvisada pista repleta de grandes bloques de piedra y agujeros que parecían abiertos por un bombardeo. En el lago Natron había atravesado e incluso abierto, a pico y pala, caminos mucho más infames, pero en primera o segunda, y con la reductora. A aquella velocidad, y a cada salto —suerte de las sufridas ballestas—, no pronostiqué larga vida al vehículo. En cuanto al diagnóstico de daños corporales, solo pensé que peores cosas habían vivido mis rótulas acostumbradas a intensas jornadas de excavación, o a la clase turista de los vuelos intercontinentales. Nada importaba porque Pickford tenía tantas ganas de pisar los estratos fosilíferos como nosotros, y eso le hacía grande. No hay nada mejor que seguir sintiéndose como un niño; perseguir un sueño con ilusión. Los yacimientos hacia los que nos dirigíamos eran la recompensa.

Todo empezó a partir de un encuentro con Pickford y Senut en Barcelona. Coincidiendo con el cambio de milenio se habían producido nuevos e importantes descubrimientos en el terreno de la evolución humana, y en el año 2000 —mientras todo el mundo temía el anunciado efecto 2000 en los ordenadores— el equipo liderado por los dos investigadores había hallado los restos de un fósil datado en unos seis millones de años. Se le llamó el Hombre del Milenio. Toda una revolución, pues tanto biólogos moleculares como paleontólogos situaban el punto de separación entre chimpancés y humanos en torno a los 6 o 7 Ma. ¿Estábamos ante un candidato a antepasado común? ¿Era el abuelo del chimpancé? ¿O la abuela del ser humano? El *Orrorin tugenensis* se correspondía, morfológicamente, a una forma simiesca que no habría medido más de un metro de altura. Pero lo más interesante, para dilucidar todos los interrogantes, eran los moldes del fémur que pude estudiar en Barcelona. Tal como había visto en las fotos del artículo recién publicado en París, era un fémur muy parecido al de un humano, aunque, obviamente, mucho más diminuto. Por lo tanto, el *Orrorin* fue bípedo; caminó sobre dos piernas. La característica clave de los homínidos que se corresponden con nuestro linaje evolutivo: los homininos.

El amigo Camilo, como catedrático de la Universidad de las Islas Baleares, había organizado varios seminarios internacionales de evolución humana en Mallorca, algunos en colaboración con el paleoantropólogo Daniel Turbón. Y, entre charla y charla, a la vista del Hombre del Milenio retomamos una idea sobre la que ya habíamos discutido previamente en Sudáfrica. Por aquel entonces, bajo la dirección de paleolitistas y primatólogos de la Universidad de Barcelona y Complutense de Madrid (Josep M.ª Fullola Pericot, Jordi Sabater Pi,

Manuel Domínguez-Rodrigo y Joaquim J. Veà), mis investigaciones se centraban en intentar dar con las pruebas de la primera utilización de herramientas por parte de nuestros ancestros más antiguos. En las excavaciones de Peninj habíamos recuperado artefactos de piedra que fabricaron los *Homo ergaster* hacía 1,6 Ma, y en los materiales de la garganta de Oldupai conservados en Nairobi y Arusha analicé artefactos líticos pertenecientes al que muchos consideraban el primer ser habilidoso de la historia: el *Homo habilis*. Pero, si los chimpancés que habían estudiado Jane Goodall y Jordi Sabater Pi fabricaban utensilios, era más que probable que homininos anteriores al *Homo* también hubiesen elaborado instrumentos o, como mínimo, utilizado objetos de piedra no modificados: por ejemplo, yunques y martillos parecidos a los que el chimpancé usa para fracturar frutos de cáscara dura en su hábitat natural. Un gran arqueólogo y antropólogo inglés, del que muchas veces nos olvidamos pues la fama suele reservarse para los que topan con flamantes cráneos fósiles, John Desmond Clark, me animó a seguir en esa línea. También lo hicieron Eudald Carbonell, Nicholas Toth y Josep Gibert. Y, en medio de dichas pesquisas, Yves Coppens, codescubridor de Lucy, fue el primero en hablarme de Martin Pickford; trabajaba en afloramientos paleontológicos muy antiguos de la gran falla del Rift.

Y así acabé, junto a Camilo, en el norte de Kenia. Allí, gracias a Pickford y Senut, pudimos prospectar varias zonas por las que hace la friolera de seis millones de años deambularon pequeños homininos de la especie *Orrorin tugenensis*; los que querría haber hallado Darwin cuando, en *El origen del hombre*, situó en África la cuna de nuestros primeros ancestros: medio simios, medio humanos. Ahora ya solo quedaba buscar si, en su hábitat forestal —todavía no había salido hacia los espacios abiertos de la sabana—, el Hombre del Milenio empleó herramientas durante sus actividades de predación. Al igual que los bonobos y chimpancés actuales, el *Orrorin* fue recolector-cazador.

Recolectores y cazadores

Las mujeres hadzabe transportan el hacha comunitaria —pasa de mano en mano dentro de la banda— hasta unos arbustos cercanos al campamento nómada. Allí se hacen con unas cuantas ramas y proceden a modificarlas. Tan solo hace falta eliminar cualquier tallo que sobresalga y desprender la corteza; después, con el machete, fabrican una punta en el extremo distal y la calientan al fuego para que se endurezca. Ya tienen sus palos cavadores. La escena ayuda a desmitificar algunas anticuadas reconstrucciones de la vida cotidiana en la prehistoria; en ellas se solía representar a grupos de cazadores-recolectores en los que la fabricación de herramientas estaba en manos de los hombres, mientras que las mujeres solo cosían vestidos y cocinaban. El problema de trasladar al pasado estigmas sociales del presente.

Armadas de los palos cavadores, y el hacha, se ponen en camino. Van acompañadas de los más pequeños que no han salido de caza, o de los bebés a los que todavía amamantan y portan escondidos, bajo pieles y telas, en la espalda o en el pecho. No lloran... el contacto estrecho con la madre. Pueden ser horas y kilómetros de marcha, pero con la misma premisa que siguen los hombres cuando van de caza: salir temprano y regresar antes de que el sol se encuentre muy alto. El consumo de energía no ha de ser superior a lo recolectado.

El agua en Eyasi es un bien escaso, e incluso inexistente según la época del año. Solo abunda, y durante poco tiempo, en la estación de lluvias. Por lo que, durante la larga estación seca, buena parte del agua que obtienen los hadzabe es gracias a los vegetales recolectados por las mujeres. Exceptuando el agua de lluvia que pueda haber quedado acumulada en el interior de los baobabs, y que extraen con sondas a las que atan recipientes de hojas tejidas, la mayor provisión de líquido se halla en los tubérculos salvajes que permanecen invisibles a gran profundidad bajo tierra.

Al profano no le resulta fácil distinguir en qué parámetros se fijan estas botánicas para saber no solo dónde se hallan los tubérculos, sino si son lo suficientemente grandes como para que merezca la pena el esfuerzo que supone horadar y cavar la tierra en pos del codiciado alimento. Sacan el sedimento —que araña el palo cavador— con la ayuda de las manos y, transcurridos largos minutos de ardua excavación, ya empiezan a vislumbrarse unos primeros tubérculos. Los abren y comen crudos; por fuera son oscuros, del mismo color que la tierra que los reboza, pero la pulpa interior es blanca, fibrosa y dura. La ventaja de comerlos crudos es que así ingieren el agua que contienen. En cambio, cuando llega la estación de las lluvias, mientras haya caudal en los ríos, es el momento idóneo para cocinarlos. Los meten un tiempo en el interior de las brasas: saben mejor y son más digeribles una vez asados.

Las tareas de recolección no solo permiten que las mujeres puedan desayunar y recuperar algo de fuerza, además deben acumular suficientes tubérculos para transportarlos de regreso hasta el campamento: allí los comparten con el resto del grupo. Lo mismo hacen si, durante la ruta, hallan los frutos del tamarindo o del baobab. En este último caso se divierten compitiendo a ver quién tiene mejor puntería y habilidad. Entre risas, empujones y burlas lanzan piedras y palos —al más puro estilo bumerán— para hacer caer una especie de pequeñas calabazas en cuyo interior, tras fracturar la carcasa con piedras, se concentran sabrosas semillas. Ahora bien, en todos los casos, sean tubérculos, frutos, miel, resinas o pequeños animales que no necesitan de un arco para ser atrapados, las hadzabe no realizan una acumulación excesiva de recursos, solo se hacen con lo necesario. No tendría sentido acumular más de lo que pueden comer y transportar. Lo contrario sería un desperdicio inútil e imperdonable de comida.

Localizar a un determinado grupo hadzabe no siempre es fácil para el investigador; en el lugar donde les dejaste pernoctando es muy posible que, a la madrugada siguiente, tan solo queden los restos de fogatas y refugios. Son cazadores-recolectores nómadas. Por lo tanto, si almacenaran tubérculos o frutos del baobab en grandes cantidades, además de comportar mayor número de desplazamientos —más gasto de energía—, en el caso de mover el campamento repentinamente todo tendría que ser abandonado.

De la misma manera que el ñu o la cebra se limitan a comer el pasto que necesitan, y el orangután solo arranca los frutos que saciarán su hambre, los hadzabe, con su economía predadora, únicamente cazan y recolectan lo justo para sobrevivir. Y eso mismo hicieron nuestros ancestros durante la friolera de siete millones de años. Sí, poco después del hallazgo del *Orrorin tugenensis*, en el año 2002 se dio en el Chad con los restos de lo que podría ser el primer hominino bípedo del registro paleontológico: el *Sahelanthropus tchadensis*. En definitiva, *Sahelanthropus*, *Orrorin*, *Ardipithecus* y los primeros *Australopithecus,* como Lucy y el Niño de Taung, recolectaron y cazaron dentro de los bosques africanos hasta que, debido a una serie de cambios climáticos derivados de la geología de la gran falla del Rift, los homininos hubieron de adaptarse a sobrevivir en los espacios abiertos. Allí, en la sabana, la selección natural favoreció a estos primates bípedos.

La aparición azarosa del primer bipedismo forestal seguro que comportó ciertas ventajas, pero, a la larga, también es muy posible que hubiésemos acabado extinguiéndonos. Otros muchos primates, con los que compartimos el mismo hábitat y mejor adaptados a la vida arbórea (los homínidos cuadrúpedos), podrían haber resultado favorecidos por las fuerzas selectivas de la naturaleza. La prueba es que en los bosques de África hoy tenemos bonobos, chimpancés y gorilas. Pero los cambios en el medio son imprevisibles, por lo que, al vernos obligados a salir hacia las sabanas, resultó que la selección natural favoreció a esos pequeños bípedos aventureros y exploradores.

Hemos hablado de los babuinos que se pusieron de pie para ahuyentar a la hembra de guepardo en el Parque Nacional de Nairobi, pero ellos no pueden mantener la posición bípeda durante sus desplazamientos entre las altas gramíneas: un hominino sí podía. Y también tuvo las manos libres para manipular y fabricar herramientas con mayor facilidad. Algo que devino fundamental cuando, al descubrir que en la sabana el alimento vegetal era más escaso y disperso, se hizo necesario explotar, con mayor intensidad que en el bosque, los recursos cárnicos. Y para procesar carcasas animales, y a falta de esos dientes, garras o picos que poseen los carnívoros especializados, fueron necesarios cuchillos de piedra.

Resumamos. Aunque pase muchas veces casi desapercibido en los manuales y tratados de historia —donde la prehistoria suele ocupar unas pocas páginas en comparación con etapas más modernas—, nuestros ancestros vivieron como cazadores y recolectores nómadas durante la friolera de siete millones de años; se dice pronto. La economía de predación hizo que su anatomía y fisiología, poco a poco, se adaptase a la ingestión de animales y plantas salvajes. Además, al tratarse de grupos que dependían de los recursos naturales en su hábitat, el tamaño de la tribu se mantuvo pequeño. Ser muchos hubiera significado la sobrexplotación del medio y, con ello, una irrevocable extinción. La selección natural no perdona. En este sentido, alargar el período de lactancia de las crías (cinco años antes del destete) ayudó en semejante control demográfico; y es que las hembras, al gastar una gran cantidad de energía durante el tiempo de amamantamiento, redujeron las posibilidades de concepción.

Fue una época durante la cual vivimos como el león, la golondrina o el sapo. Tomamos de la naturaleza lo que nos hizo falta; y no solo éramos parte de ella desde un punto de vista biológico —lo hemos sido siempre, aunque hoy vivamos en ciudades de asfalto, acero y cristal—, sino que así lo creímos desde la vertiente espiritual; tótems, fetiches, arte mueble y santuarios rupestres son testimonio de ello. El humano del pasado, como ocurre con los hadzabe del presente, se veía a sí mismo como un animal más en el seno de la naturaleza. ¿Por qué habría de ser diferente? Nacía, respiraba, crecía, se reproducía y moría como la acacia y el bisonte.

Heces de elefante y boñigas de vaca

En las llanuras de Sinya, cuando los caprichos de la climatología se alían con el viajero, la silueta del Kilimanjaro, el techo de África, emerge de entre las nubes. Desde la tienda de lona, con vistas al volcán, solo cabe rendirse a la belleza e inmensidad del lugar, pero también a las visitas de unos invitados de gran peso. Durante la noche, e incluso a la luz del día, los elefantes se apropian del campamento que, por razones obvias, lleva su nombre: Kambi ya Tembo. En suajili, *tembo* significa elefante.

Estábamos siguiendo a varias familias de estos paquidermos, tanto a pie como a bordo del Land Rover descubierto. Rascan la dura piel con los salientes del vehículo, escrutándote de cerca; una inteligente mirada que jamás se olvida, aunque se fíen más del oído y el olfato. Y mientras andas te sientes pequeño, muy pequeño. ¿Alguien duda de quién manda en la selva? No es el león, sino el elefante. Y pensar que una vez nos creímos diosas y dioses.

De hablar, aquellos elefantes habrían dicho: «¿Por qué ese mequetrefe escarba en nuestras heces?». Es lo mismo que opinaban los técnicos del equipo de filmación; rodaban el primero de dos documentales sobre la vida de los maasai en Tanzania. Y no quedaba bien que el asesor científico apareciera removiendo… restos fecales. También estaban perplejos tanto los monos de cara negra como los babuinos que seguían al grupo de paquidermos. Parecían inquietos por mi actitud. ¿Les había salido un imitador capaz de dejarles sin sustento? Y es que los elefantes comen mucho y excretan rápido; la mayor parte de lo que tragan no es digerido, por lo que las boñigas, casi del tamaño de un balón de fútbol, están repletas de frutos intactos y tiernos. Por eso, aunque pueda parecer que el inteligente elefante, al igual que el ser humano, es un destructor de la naturaleza —por donde circulan estos proboscídeos parece que haya pasado Atila—, en realidad es un regenerador: dispersa semillas que después germinarán por la sabana y el bosque.

El ciclo de la vida. Es lo que quería mostrar y explicar ante la cámara, pero no se incluyeron los detalles en el metraje final… ¿demasiado escatológicos? Cuando abandoné la escena aparecieron rápidamente mis primos primates para darse un atracón de semillas de acacia; la provisión era abundante. Los guerreros maasai dejaron de reírse con las monerías del *mzungu*, asieron cada uno su lanza, se recolocaron las *shukas* —túnicas con las que cubren sus cuerpos— y las estilizadas siluetas se recortaron en el paisaje. Aquello sí que era digno de ser filmado. Estaban más cerca de ser dioses.

De regreso al campamento, después de la cena, me alejé de la tenue luz del quinqué para adentrarme en la más absoluta oscuridad. El cielo austral se mostraba en todo su esplendor y brillaba Orión... mi constelación favorita. Los guardianes maasai hablaban sentados en el suelo alrededor de la hoguera, y allí fui. Los conocía bien. Tiempo después, aquellos mismos guerreros hicieron posible un sueño de infancia; cuando jugaba a ser maasai saltando y blandiendo una rama de pino. Prometieron obsequiarme con mi *fimbo* (el bastón del que jamás se separan los varones) y, a la siguiente campaña antropológica en las faldas del Kilimanjaro, el jefe Kipululi me hizo entrega de él. Tallado, a medida del que será su portador, con madera de acacia amarilla. Era un honor, aquello estaba muy por encima de cualquier cetro de oro; con él conducen lo más importante de la cosmogonía maasai: el ganado. No tengo vacas ni cabras, pero lo llevé siempre conmigo hasta que, a partir de las medidas de seguridad impuestas a raíz de los atentados del 11 de septiembre de 2004, ya no pudo embarcar más en la cabina del avión; ahora escribo a su lado. Gracias a mis amigos tanzanos (guías naturalistas, jefes de campamento, rastreadores, *rangers*, etc.), nunca se perdió. Ya estuviera dentro del 4x4 desviado hacia el taller, o extraviado en un poblado donde lo habían raptado una pandilla de críos como juguete, siempre aparecía; al igual que el sombrero fedora cubierto de polvo, todos sabían que era el *fimbo* del *«Professor»*.

Les saludé, me hicieron un sitio y siguieron explicando sus historias. Era una noche perfecta para la astronomía. Con el haz de luz de la linterna señalé las diferentes estrellas que dibujaban una imaginaria cabeza, hombros, cinturón —configurado por las Tres Marías— y pies: «O-r-i-ó-n». Y ellos respondieron: «Ngai». Los maasai también consideraban aquellos astros brillantes dentro de la misma constelación, pero en vez de ser el cazador de la mitología griega, para ellos representaban el dios responsable de su origen. Ngai se valió de la Vía Láctea, como si fuera un tobogán, para descender hasta el interior de una montaña situada al sur del lago Natron: el Ol Doinyo Lengai. Un relieve que no deja a nadie indiferente. A pesar de mi agnosticismo, de haber tenido que decidir el santuario para una deidad, sin duda también hubiera escogido aquel volcán. Igualito a los que dibujábamos en la escuela: una pirámide natural perfecta con el cráter humeante.

Al cruzar la depresión de Ngaruka, con motivo de la primera expedición hacia Peninj, el hipnótico y joven volcán no emitía ceniza, aunque sí estaba coronado por nubes blancas. Después lo he contemplado y explorado en períodos de mayor o menor actividad vulcanológica; acompañado por su hermano Kerimasi y los cráteres dormidos que rodean la cuenca lacustre: Gelai, Kitumbeine, Shompole y Sambu. Ya sea bañado por la luna o mecido por los vientos del lago Natron, sigue cautivando a locales y forasteros. Precisamente, el segundo capítulo de la serie documental había de filmarse allí; y nos acompañaría Lomaiani, uno de los guerreros que, a diferencia del jefe Kipululi, todavía no conocía la montaña sagrada de los maasai: la morada del dios Ngai.

Una vez se hubo deslizado por la Vía Láctea hasta penetrar en el interior del Ol Doinyo Lengai, el dios creador tuvo tres hijos. Al primero le entregó una lanza para subsistir por medio de la caza; le hizo parecido a los hadzabe. Pero fracasó. Es por ello por lo que los maasai detestan las actividades cinegéticas con fines tróficos; en cambio, en el pasado practicaron la caza del búfalo para fabricar, con la piel curtida, sus antiguos escudos de guerra, o la del león como demostración de virilidad (un rito iniciático hoy prohibido por razones de conservación). Otro hijo fue obsequiado con un palo cavador para horadar la tierra y cultivar: el primer agricultor. Según la leyenda, este tampoco tuvo éxito, por lo que los maasai no consideran digna la agricultura.

En cambio, sí fueron los escogidos para poseer todo el ganado del mundo. Natero-Kop, el tercero de los descendientes de Ngai, fue el creador de los rebaños; precisamente, el bastón que le entregó su padre es el *fimbo* con el que conducen a las vacas, cabras y ovejas.

Hace poco más de dos décadas, los poblados maasai de la zona del lago Natron y Sinya todavía eran nómadas; el nomadismo asociado a la búsqueda de pastos. A diferencia de los campamentos hadzabe, las cabañas, aun siendo circulares, están recubiertas por excrementos de vaca amasados. En efecto, sobre una retícula de ramas entrelazadas colocan este revestimiento orgánico que, junto con el tipo de construcción baja y sin ventanas, hace que las viviendas sean frescas cuando hace calor y cálidas al bajar la temperatura; además, al solidificarse, imprime gran consistencia y solidez a las chozas. Y es que otra diferencia, con respecto a los hadzabe, se refiere al tiempo de estancia en un mismo lugar: puede alargarse durante meses, hasta que deciden mover el poblado hacia mejores pastos. El alimento destinado a la columna vertebral de la sociedad y economía maasai son las vacas.

En una película o libro de aventuras, de tinte clásico, se clasificaba igual a un maasai que a un hadzabe; todo respondía a la visión que, desde Occidente, se tenía de estos pueblos: eran exóticos... primitivos. Todo lo que anduviese con una lanza y escasas ropas, y de tez oscura, solo podía tratarse de un salvaje. Ya hemos dejado muy claro que esto no es así; dichas consideraciones respondían a prejuicios raciales. Pero, incluso hoy, seguimos metiéndolos en el mismo saco, como hizo Darwin con los pinzones de Galápagos. Craso error. Es cierto que los hadzabe y los maasai comparten el mismo origen biológico (son *Homo sapiens*, como nosotros), y también hábitat (la sabana), pero son polos opuestos a niveles cultural y económico. En efecto, mientras los primeros son predadores —toman lo que produce la naturaleza sin intervención humana—, los segundos son productores: viven del ganado... todo gira alrededor de la posesión de vacas.

Cada mañana, los hombres escogen una o más reses. Colocan el torniquete alrededor del cuello de la vaca y, provistos de un pequeño arco y flecha de punta roma, disparan desde escasa distancia a la abultada yugular. Con ello sangran al animal sin matarlo; y después aplican una cataplasma para detener la hemorragia. La sangre fresca, junto con la leche que ordeñan las mujeres, constituye casi el único alimento de las niñas y los niños que pasarán todo el día trabajando. Pero las vacas son más que sangre, leche, boñigas y carne, para cuando se sacrifica alguna en una ocasión muy especial: ritos de circuncisión, bodas o funerales. Las vacas son lo más parecido a una cuenta bancaria. Y es que la propiedad privada apareció con una revolución que tuvo lugar en la prehistoria.

El mito de Ngai y sus tres hijos sirve para entender lo que supuso la gran revolución neolítica. Un cambio económico radical que alteró nuestras vidas para siempre: el paso de grupos cazadores-recolectores, la predación, a pueblos ganaderos y agrícolas... la producción.

Revolución neolítica

Siete millones de años sobreviviendo como predadores en contacto extremo con las plantas y los animales en su medio natural, desde los pequeños homininos de aspecto simiesco hasta los primeros *Homo sapiens*, y hace poco más de diez mil años —nada— estalló el gran cambio económico de la historia… lo que nos ha llevado a nuestra situación actual: la revolución neolítica.

Un hadzabe no entiende por qué sus vecinos maasai y datoga (nómadas) y bantú (sedentarios) mantienen al ganado vivo cuando, ante una época de malas lluvias, no solo escasean los pastos, sino que se pierde la cosecha de maíz. Al principio de la convivencia, en Eyasi se produjeron conflictos entre los cazadores-recolectores y los productores. Los primeros, ante la tentadora estampa y blanco fácil que ofrecían las confiadas vacas, cabras y ovejas, les dispararon sus flechas; era algo que estaba en el *bush*, que ofrecía la naturaleza. Eran incapaces de entender el enfado de esas otras gentes que prefieren pasar penurias antes que sacrificar el estatus social: poseer más o menos vacas. Nosotros sí. Y es que vivimos en una sociedad capitalista donde una de las bases es la propiedad privada; por lo tanto, el agricultor bantú, un ganadero datoga o maasai también forman parte de la sociedad capitalista. Para ellos, esos productos ya no son propiedad de la Tierra, sino suyos. Han trabajado para producirlos y los protegerán de otros individuos.

Esto explica el que no hayamos documentado guerreros en la sociedad hadzabe. No conocen la guerra, por lo que tampoco podemos atribuirles la etiqueta de pacifistas; simplemente, no necesitan luchar contra otros humanos. En cambio, entre los maasai, que todavía siguen la vida tradicional, todo varón ha de formarse en una especie de largo servicio militar. Desde los quince hasta los treinta años —muchos desconocen su edad y el cálculo para el rito de paso está en función de la altura del muchacho— cumplen como guerreros: los *ilmoran*. Aprenden técnicas de combate y supervivencia, las mismas que pusieron en práctica cuando, procedentes de las tierras nilóticas del norte, descendieron hasta las actuales Kenia y Tanzania. Iban acompañados de su ganado y se enfrentaron con los pueblos que encontraron por el camino. El entrenamiento, la estrategia y un armamento ofensivo (lanzas temibles, espadas, mazas y escudos) les permitieron vencer y apoderarse de las propiedades de otras etnias. Y es que las cosas cambiaron mucho con la revolución neolítica. Una revolución que no estaba en nuestros genes, ni en un premeditado deseo humano por querer evolucionar a mejor: la equivocada idea de progreso.

Durante la COVID-19 hemos potenciado el uso de las comunicaciones telemáticas —colegios, universidades, empresas, autónomos y gabinetes gubernamentales han trabajado a distancia—, y hemos agradecido el tener cerca buenos hospitales y mejor personal sanitario; por lo que es fácil pensar que estamos aquí gracias al «progreso» que se inició con el Neolítico: de la piedra tallada al bisturí láser todo ha pasado muy rápido. Pero no somos diosas ni dioses, jamás lo hemos sido. Es cierto que, a partir de nuestro ancestro común con los grandes simios, nos pusimos de pie y vimos cómo aumentaba el tamaño del cerebro. Pero ya hemos explicado que estas transformaciones no fueron fruto del simple deseo, sino obra de la selección natural. No había nada escrito ni para los cambios ecológicos que se dieron en África ni para las mutaciones azarosas que sufrieron los homininos. De forma parecida, aunque en otro orden de cosas, el gran salto de la predación a la producción no fue porque alguien, en el oráculo, fuese capaz de ver el futuro y considerar que así progresaríamos. Sino porque topamos con problemas que nadie había previsto. La única diferencia es que, esta vez, tuvimos que ser nosotros los encargados de dar con la solución, y ponerla en práctica. Estaba en juego nuestra supervivencia.

El objeto de este libro no es escribir un manual de historia, y no podemos ni pretendemos abarcar todos los escenarios posibles, pero, de no haberse producido una serie de cambios climáticos que afectaron al planeta, además de puntuales aumentos demográficos, es muy probable que los humanos jamás hubiesen inventado la ganadería ni la agricultura.

¿Progreso?

El nacimiento de nuestra especie, el *Homo sapiens*, data de hace unos 250.000 años, en África; hallazgos recientes procedentes de Marruecos sugieren 300.000 años, pero podría tratarse de formas pre-*sapiens*. Aunque la datación exacta no es importante. De haber existido una necesidad innata e imperiosa de «progresar», ¿acaso los modos de producción no habrían surgido mucho antes de la fecha marcada para el Neolítico?

Solemos decir que recolectar y cazar es una vida dura —jamás se sabe lo que obtendrás—, pero, en cambio, permite disponer de tiempo libre. Pueblos con los que hemos convivido no solo en Eyasi, sino también en el norte de Australia y la Amazonia, aprovechan este tiempo para afianzar sus relaciones sociales, el juego e incluso reposar. En cambio, los cuidados del ganado y el campo requieren de atenciones constantes. Por supuesto que no pretendo hacer una trasnochada reivindicación idílica de los tiempos del Paleolítico; ya no podemos volver a una vida nómada en cuevas, praderas y sabanas. Sencillamente, me opongo al concepto equivocado que tenemos de progreso.

¿Para qué cambiar cuando uno puede vivir con lo que tiene? Hace décadas que los hadzabe contactaron con otros humanos que vivían de forma diferente, y aún hoy siguen sobreviviendo de espaldas a la agricultura y la ganadería, a las medicinas del dispensario de Mangola y a uno de los fenómenos más globalizados: el fútbol. ¿Eso quiere decir que no han progresado? No. Sus arcos y flechas, los palos cavadores y las hachas, mientras no cambie el medio, son lo más efectivo y adaptado que necesitan para continuar esa existencia predadora en medio del *bush*. Ni mejor ni peor que la nuestra. Quieren vivir así. Por supuesto que se divierten y entretienen cuando ven su imagen en la pantalla de cámaras fotográficas, tabletas y ordenadores portátiles. Es puntual, después se olvidan de nuestros *gadgets*; en el día a día de Eyasi, serían trastos inútiles. Nosotros también contemplamos, extasiados, sus aperos de caza y recolección, pero en la jungla de asfalto tampoco servirían de nada. Zapatero a tus zapatos.

Pero ¿qué pasará si un día acabamos destruyendo el ecosistema de los hadzabe? Aunque vamos por el camino, esperemos que no ocurra. De lo contrario, la nueva situación les obligaría a cambiar su forma de vida predadora actual. No hacerlo significaría la extinción. Y esto mismo es lo que ocurrió con nuestros ancestros.

Durante el paso del Pleistoceno al Holoceno, la temperatura global del planeta aumentó. En el sur de Europa, muchos bosques de clima frío se transformaron en bosques de tipo mediterráneo; esto hizo que algunos pueblos paleolíticos cambiaran la caza de herbívoros de gran tamaño, como el mamut, por otras estrategias cinegéticas: abatieron animales de menor talla, e incluso incorporaron productos que hasta ese momento no habían sido explotados de forma intensiva: por ejemplo, caracoles terrestres y moluscos marinos. Mientras, en otras áreas geográficas, el cambio climático derivó hacia la aparición de estepas áridas y desiertos. La fauna migró, y las plantas comestibles disminuyeron de forma drástica. La naturaleza podría haber acabado con el linaje humano, pero, otra vez, salimos adelante; y esta vez no fue el bipedismo o la mayor capacidad encefálica, sino una de las adaptaciones biológicas más exitosas: la cultura. Nos tocó a nosotros buscar la solución.

La habíamos encontrado cuando, hace unos 2,5 millones de años, otro cambio climático hizo que los homininos pasáramos de los espacios forestales africanos a las sabanas; allí proliferaron los cuchillos y hachas de piedra, más adelante aprendimos a controlar el fuego y, con toda probabilidad, empezamos a desarrollar sistemas de comunicación cada vez más complejos. Y, ante la enésima crisis climática, acorralados entre la espada y la pared, decidimos poner manos a la obra de nuevo: la revolución neolítica.

Nos hemos referido al episodio de las heces de elefante y las golosinas que guardan en su interior. Para cualquier cazador-recolector estaba más que claro que existía una directa relación entre la concentración de simiente y el crecimiento, al cabo de un tiempo, de nuevas plantas. Por lo que el *Homo sapiens* prehistórico, necesitado de vegetales, se hizo con el control de dicho ciclo natural y lo reconvirtió en un ciclo artificial: depositar las semillas en un lugar escogido y esperar para recoger la cosecha. Jugamos a ser diosas y dioses… algo que, con el tiempo, incluso nos creímos.

Con la ganadería pasó otro tanto. De la misma manera que domesticamos vegetales a partir de especímenes salvajes, podíamos hacerlo con los animales que hasta ese momento habíamos cazado. De hecho, antes del Neolítico, el primero en ser domesticado fue el perro. Los hadzabe no lo comen, pero les da protección, elimina restos orgánicos, rastrea durante la caza y, cómo no, ofrece compañía. ¿Cómo se consiguió? Pues seleccionando, a partir del ancestro salvaje, aquellos especímenes no solo más dóciles, sino también los que reunieran las características idóneas que perseguían los humanos.

Tanto en el terreno de la agricultura como de la ganadería, a través de la hibridación y la selección de los ejemplares más óptimos se llegó a la transformación del genoma de animales y plantas. Partiendo del trigo salvaje se consiguieron espigas que contuvieran mayor número de granos y más grandes. El jabalí dio lugar a cerdos que engordaban cada vez más; las cabras salvajes pasaron a ser domésticas, y además de carne nos brindaron leche. Las ovejas lana, etc. Ahora bien, todo esto necesitaba de grandes cuidados. Los primeros ganaderos todavía pudieron mantener una vida nómada, o seminómada —es el caso de los maasai—, pero la introducción y la generalización de la agricultura derivó en la sedentarización del grupo.

Y si parece que lo explico muy rápido es porque los cambios fueron rapidísimos. Los aprendices de dioses habían tomado un camino y salvado el cuello, pero no eran conscientes de lo que en poco tiempo, en escasos milenios, estaba a punto de nacer: sociedades cada vez más y más complejas que pronto derivaron en los primeros imperios. ¿Del cuchillo de piedra a las pirámides con solo chasquear los dedos? Pues sí.

Crecimiento imparable

Los grupos hadzabe son pequeños; una banda grande no tendría suficientes recursos para sobrevivir a lo largo de la época seca. Durante el Paleolítico el modelo fue parecido: sociedades de pocos individuos. Ya hemos dicho que uno de los sistemas para mantener el control demográfico entre los hadzabe, además de las limitaciones que impone el medio, ha sido distanciar el tiempo entre un parto y otro. En efecto, desde el punto de vista biológico, aunque la mujer *Homo sapiens* puede dar a luz una criatura casi por año, si se alarga el período de lactancia, sumado al desgaste energético que supone la vida nómada, se reducen las posibilidades de concepción. Por lo tanto, las madres amamantan, incluso durante cinco años, a la descendencia. En el caso que, por desgracia, la enfermedad o un accidente se cebe en alguno de los pequeños, rápidamente se busca un nuevo embarazo para evitar poner en peligro la viabilidad del clan. La clave es mantener siempre un tamaño demográfico que no exceda de los veinte o veinticinco individuos. Lo opuesto que vemos en la sociedad maasai.

Con las primeras luces del día, nada más entrar en el poblado o *manyatta* maasai compruebas que está lleno de bebés, niñas y niños de todas las edades. Son una etnia productora y necesitan mucha mano de obra. Los niños, desde los cuatro años de edad, ya pastorean con el ganado ovicaprino más joven. Y las niñas acompañan a las mujeres adultas a lo largo de duras e inacabables jornadas: acarrean agua desde la fuente natural más cercana, leña, plantas medicinales y, al regresar, cocinan, lavan las ropas y reparan las cabañas. También están los adolescentes guerreros que salen con el grueso del capital: las vacas. Y es que, en cuanto se retiran los arbustos espinosos que bloquean alguna de las entradas al poblado, las vacas empiezan a desfilar; allí, reposando sobre una sola pierna y apoyado en el *fimbo* —la postura del flamenco—, está el propietario del rebaño y jefe del poblado. Cuenta las reses una a una; es millonario. Si contabilizamos el número de reses que tienen algunos maasai y lo multiplicamos por el precio de una cabeza de ganado en los mercados locales de Karatu, Sinya o Ngare Sero, puedo asegurar que jamás he tenido esa suma ni bajo una baldosa ni en la cuenta corriente.

Ser rico en vacas —la propiedad suele estar acaparada por el hombre maasai— permite desposarse con muchas mujeres; son polígamos. Más mujeres significa mayor descendencia que se ocupará de la actividad ganadera; cientos de vacas, cabras y ovejas implican el trabajo de un ejército de niños y jóvenes. Y cuantas más esposas y prole, el poblado ha de ser también más grande; cada mujer habita una cabaña diferente que cabe añadir a las ocupadas por la madre y otras familiares del jefe. A su vez, cuantas más bocas que alimentar, leña para el poblado y pastos donde ubicar el ganado, se incrementa la necesidad de recursos. Si recuperamos a Malthus y su idea de que la población crece más rápido que la producción de alimentos, todas las variables de la ecuación pueden acabar provocando que, poco a poco, no solo el medio natural resulte afectado, sino que parte de los integrantes de la comunidad peligren. Por supuesto que entre los maasai se han dado hambrunas, epidemias y guerras que han disminuido la población. Pero también vemos que cuando el territorio explotado resulta insuficiente, al igual que los maasai abandonaron tierras nilóticas para adentrarse en el África oriental, los grupos productores del Neolítico pudieron decidir extender sus límites. Invadieron y conquistaron otros territorios. Los cuales podían estar vacíos... u ocupados.

Capítulo 9

La caída de los dioses

La guerra

Suele decirse que en África jamás han existido grandes imperios comparables a los que protagonizaron, y han protagonizado, las potencias occidentales y asiáticas. Pero existieron; simplemente, hemos vivido de espaldas a la historia africana. Están el reino Songhai o el Gran Zimbabue y, por supuesto, el antiguo Egipto. El valle del Nilo, si el atlas no engaña, se halla en el continente africano y, miles de años antes que griegos y romanos, los egipcios no solo habían desarrollado una cultura fascinante, sino que extendieron sus tentáculos en todas direcciones.

El germen de todo estuvo en unas pequeñas aldeas de ganaderos y agricultores que, en tiempos prehistóricos, supieron vencer al desierto gracias a las crecidas del Nilo. La población fue en aumento, necesitaban manos para cultivar los campos y pastorear, y alguien debía tomar las decisiones; lo cual derivó, poco a poco, en la diferenciación y estratificación social. Los jefes y caudillos, así como las personas que acumulaban mayor propiedad, quisieron distinguirse de los demás y adquirió cada vez más importancia la circulación de bienes de prestigio: oro, especias, marfil, esclavos, etc. Pero no únicamente las expediciones estuvieron impulsadas por el comercio; el crecimiento demográfico, la necesidad de mayor superficie habitable, así como destinada a actividades agrícolas y ganaderas, requirió ir a la conquista de nuevas tierras. Por lo que, en paralelo a la posibilidad de atacar y someter a otros pueblos, también fue necesario proteger la propiedad de la amenaza exterior: del enemigo.

Cuando llegas a un campamento hadzabe no tienes que traspasar ninguna defensa; no existe marca o señal que indique estar fuera o dentro. Sabes que viven ahí al observar una fogata, el cráneo de babuino colgado en un árbol o la estructura circular del pequeño iglú. En cambio, antes de acceder a la *manyatta* maasai, lo primero que ves es la inexpugnable muralla de arbustos espinosos que circunda todas las cabañas, así como al ganado. Debe protegerse, a toda costa, no solo de predadores como los leones, leopardos y hienas —aunque habría que estar desesperado para intentarlo—, sino, sobre todo, de otros humanos deseosos de apoderarse de las riquezas en forma de rebaños. De ahí la necesidad de contar con una casta de soldados, de guerreros, capaz de defender la propiedad e incluso atacar y hacerse con las posesiones de otros: así nacieron las guerras... y los reyes. Mientras en una comunidad cazadora-recolectora igualitaria colaboran todas y todos, en el seno de las sociedades productoras fue acentuándose la jerarquización, y hubo individuos que dejaron de trabajar en el campo para pasar a ocupar cargos políticos y religiosos. Por eso, en Egipto, ante los pilonos de un templo, no solo busco la sombra de Howard Carter, sino que siempre contemplo las representaciones de esos reyes que el pueblo consideró tan cercanos a los dioses.

Nada más acceder al vestíbulo principal del Museo Egipcio de El Cairo, es obligado detenerse ante una vitrina que se exhibe muy cerca del busto dedicado a Jean-François Champollion, el francés que, a principios del siglo XVIII, descifró la escritura jeroglífica. Es una paleta pétrea de poco más de sesenta centímetros, y en comparación con las maravillas que se exhiben en el museo —ahora ya de traslado hacia el nuevo Gran Museo Egipcio— es cierto que podría pasar desapercibida; pero guarda una importancia clave para la historia de la región y para el tema que nos ocupa. Y es que hace más de cinco mil años, en el valle del Nilo, pocos milenios después de la aparición de la ganadería y la agricultura en la zona, existieron ya poderosos reinos. Los bajorrelieves del anverso y el reverso de la paleta parecen representar al rey Narmer unificando el valle y el delta del Nilo: el Alto y el Bajo Egipto. Además de otros simbolismos, como el tipo de corona que identifica a cada una de las zonas del curso fluvial, la clave está en la imagen donde Narmer agarra del pelo a un enemigo y le asesta un golpe de maza. En las siguientes dinastías, una representación parecida acompañó a los faraones del antiguo Egipto. Los enemigos decapitados y las murallas de ciudades, seguramente conquistadas durante el proceso de la unificación, convierten la paleta de Narmer en una crónica de la época: la humanidad estaba sufriendo cambios rápidos y trascendentales.

En un lapso muy breve de tiempo, pasamos de predadores viviendo en pequeños grupos, y preocupados solo por ver lo que nos daría la naturaleza, a conquistadores del medio. La eclosión de estos reinos e imperios por África, Asia, Europa y América estuvo acompañada de la invención de nuevas tecnologías, como la metalurgia, que no solo permitieron conseguir mejores hachas para la tala de madera o aperos para el trabajo agrícola, sino que perfeccionaron las armas ofensivas y defensivas, convirtiéndolas en más letales. La riqueza aumentó; y las redes comerciales se hicieron cada vez más extensas. Te pierdes por Petra, Pompeya, Machu Picchu, París, Londres o Nueva York, y te das cuenta de que fuimos capaces de endiosarnos.

Reaccionamos en el momento que cambió el clima e inventamos la ganadería y la agricultura, y esto nos hizo sentirnos más seguros. Nos convencimos de que siempre hallaríamos la solución adecuada, ante toda nueva dificultad que pudiera presentarse, gracias al raciocinio y a la capacidad tecnológica. Creímos haber controlado la naturaleza, pero no... La desafiamos y esto trajo consecuencias.

Cuando Orión desafió a Gaia

Las noches en el desierto de Atacama, en Chile, suponen un privilegiado espectáculo astronómico; es el contacto directo, frente a frente, con la inmensidad del cosmos. Poco duermo allí; me abrigo bien, y a falta de telescopio, salgo de la cabaña con los prismáticos para recordar a Carl Sagan y viajar por las estrellas. Allí está Orión... o Ngai, sin sus maasai alrededor de la fogata. Tampoco me acompaña el Ol Doinyo Lengai pero, en sustitución de este último, allí reside el que se me ha antojado como su hermano americano: otro volcán de formas magníficas y que, desde hace siglos, también es una montaña sagrada; esta vez para la cultura atacameña: el Licancabur.

En contraste al cielo de Atacama, el barrio donde crecí, inmerso en un polígono industrial, no ponía las cosas fáciles al astrónomo *amateur*: poca transparencia y demasiada luz ambiental. Armado de planisferio, solo podías vislumbrar e identificar las estrellas más brillantes; por lo que, al reconocerla fácilmente, Orión pasó a ser un referente. En el Museo de la Ciencia era donde nos habían explicado que se trataba del cazador de la mitología griega, y que por eso le acompañaban sus dos perros: las constelaciones de Canis Maior y Canis Minor. Más tarde leí sobre la leyenda de Orión y Gaia, aunque todavía no era consciente de que dicho mito tenía su versión real en ese otro mundo donde yo seguía creciendo: la Tierra de los mortales.

El dios Orión es un gigante con historial de tropelías múltiples —algo común en la ficha delictiva de varias deidades clásicas—, pero su gran osadía fue planear capturar y matar a todas las especies vivas presentes en la naturaleza. Por lo que la diosa Gaia, la Madre Tierra, decidió pararle los pies y enviar un alacrán que acabó con el altivo cazador. Hoy observamos las dos constelaciones en el firmamento: Orión y Escorpión. En paralelo, en nuestro planeta también vemos las consecuencias de la acción del ser humano. Orión, con el disfraz de *Homo sapiens*, pasó por la isla de Mauricio y acabó con el dodo, y por el archipiélago de las Galápagos hasta solo dejar viva a una única tortuga en la Pinta, y por otros muchos lugares del planeta donde miles de especies vegetales y animales están en peligro de extinción. Y a pesar de que no podemos dotar a la naturaleza de la capacidad de castigar, sí que es cierto que cuando desafiamos sus leyes pueden desatarse las consecuencias. ¿Gaia es capaz de enviar otro escorpión?

Aunque fue una decisión libre, estuvimos obligados a adoptar el rol de productores. De lo contrario solo habrían sobrevivido aquellos pequeños grupos que siguieron ocupando zonas geográficas capaces de proporcionarles recursos de caza y recolección hasta nuestros días. Entonces, una vez optamos por la vía de la producción estaba claro que con la revolución neolítica y la Revolución Industrial el medio natural acabaría resultando afectado. Quemar bosques para pastos y cultivos, talar madera, extraer recursos minerales, modificar cursos de ríos, acabar con paisajes para implantar primero aldeas sedentarias y después grandes ciudades... todo es inherente a la supervivencia de una población humana en constante crecimiento. Y, lamentablemente, por el camino hemos acabado con otras formas de vida a un ritmo frenético…

Pero ahora no estamos situados en la prehistoria a punto de tomar una decisión crucial ante una situación desesperada: ¿seguir como predadores o productores? Ni tampoco vivimos en los inicios de la Revolución Industrial, cuando todavía no éramos capaces de imaginar una crisis climática como la actual. Hoy sí disponemos de una perspectiva histórica, así como de las herramientas y estrategias que permitirían cambiar nuestra actitud endiosada y nos conducirían a entender lo que ocurre ahí fuera. De lo contrario iremos recibiendo avisos y toques constantes por parte de la naturaleza. Y no me refiero a la rebelión de los jabalís o los delfines, sino a lo que les hizo salir a ellos de sus escondites, y a nosotros confinarnos.

El *Homo sapiens* creía estar exento de todo mal o contratiempo. Una especie elegida capaz de inventar una nueva máquina, vacuna, medicina o alimento ante toda futura dificultad. El cazador humano (Orión) se creyó con el mayor ingenio y las mejores armas para seguir adelante solo en su propio beneficio, destruyendo los recursos del planeta sin plantearse las consecuencias. Y la Tierra (Gaia) envió el escorpión a Orión. Ahora, hemos topado con una nueva pandemia en pleno siglo XXI. Era de esperar. No nos habíamos alejado de Gaia —siempre hemos vivido en el mismo lugar—, sino de la ciencia... del entendimiento de las leyes de la naturaleza. Y, en el ámbito de la evolución, los avisos no siempre se dejan ver con milenios, siglos o años de antelación, sino que pueden aparecer de improviso.

Extinción

Nadie avisó a los dinosaurios de que un enorme meteorito caería a la Tierra hace unos 66 Ma. En documentales y libros hablamos de este evento como el causante de la extinción de los grandes reptiles bautizados por Richard Owen con el nombre de «lagartos terribles». Pero, en realidad, estos gigantes, tras muchísimos millones de años de supervivencia exitosa sobre la corteza terrestre, ya andaban hacia su extinción. Otras grandes extinciones de formas vivas, por ejemplo, en el mar, se habían producido con anterioridad. Seguramente, todos hemos estado cerca del fósil de un trilobites o un amonites. Llegó un momento en el que cambiaron las condiciones en el medio y, a pesar de que fueran muchísimos y «dominasen» los océanos, se extinguieron.

En el caso de los dinosaurios estamos hablando de seres que llegaron a tamaños colosales; sin ir más lejos, gracias a los investigadores del Museo Paleontológico Egidio Feruglio, en Trelew (Argentina), pude comparar mi metro noventa con las vértebras de un nuevo dinosaurio herbívoro descubierto el año 2012: el *Patagotitan*. Podía medir hasta cuarenta metros de largo y pesar más de ochenta toneladas. Lo que comía al día un solo *Patagotitan* debió de ser increíble. Si a esto le añadimos que convivió con otras muchas especies de colosos semejantes, y que podían vivir en grandes manadas, era fundamental que las condiciones de su medio se mantuvieran sin cambios para seguir alimentándose. Ellos, los grandes... pero también los más pequeños.

Existen diferentes teorías, pero parece que un aumento de la actividad volcánica en el planeta pudo reducir los recursos vegetales del ecosistema, por lo que los dinosaurios ya habrían estado tocados cuando cayó el meteorito que, a su vez, alteró mucho más las condiciones del medio. Por lo tanto, la selección natural eliminó a aquellos dinosaurios que ya no eran los más aptos para la supervivencia e hizo que triunfasen unos diminutos animales que se escondían por la vegetación: los primeros mamíferos, nuestros ancestros.

De haber vivido en la piel de un dinosaurio, en la época de su máximo apogeo, siendo tan grandes y robustos, ¿habríamos sospechado lo cerca que estábamos de una extinción? Aunque, claro está, los dinosaurios jamás se plantearon su extinción. La gran diferencia entre la historia de los dinosaurios y la del ser humano es que nosotros podemos estudiar cómo cambia el medio. Los lagartos terribles no disponían de vulcanólogos, ecólogos, climatólogos ni zoólogos que les advirtieran de las consecuencias de aquellas erupciones volcánicas, o de que era mejor comer menos y no explotar tantos recursos; y la naturaleza acabó respondiendo al desajuste con una extinción, a la vez que regalando una oportunidad de oro a otro tipo de animales. En efecto, la selección natural, a partir de esos 66 Ma, favoreció a los minúsculos mamíferos de los cuales procedemos. Hoy, tras haber crecido, tenemos la oportunidad de reflexionar sobre lo que nos rodea... y sobre nuestro futuro.

Somos una especie biológica que puede interpretar la naturaleza. Aun así, contando con el intelecto para hacerlo, en vez de haber usado la ciencia y la tecnología para avanzarnos a posibles situaciones adversas, muchas veces hemos seguido tensando la cuerda; siempre negándonos a admitir la posibilidad del azar y escudándonos en nuestro presunto papel en el Olimpo. Al hablar de Buffon, Lamarck, Darwin y Wallace, hemos podido comprobar lo difícil que fue, para el ser humano, aceptar que no procedíamos de una creación inmutable.

Por supuesto que existieron y existen fieles a la idea de Adán y Eva, pero no seamos incautos ni inocentes. Lo que más le ha interesado al *establishment* era negar el cambio, y más si este era azaroso. El cambio incomoda; la incertidumbre no forja ni sustenta a los líderes de gobiernos y estructuras de poder. Personajes como el de la paleta de Narmer y sus sucesores en el antiguo Egipto dirigieron reinos bajo el discurso mítico; la repetición constante del mismo arquetipo. Muchos jefes de Estado, en la actualidad, evitan un vocabulario basado en el azar o la incertidumbre; sin ir más lejos, durante la pandemia de la COVID-19, leímos cómo el presidente de una república democrática declaraba que la «erradicación» del virus dentro de sus fronteras se había conseguido gracias al rezo de todos los habitantes del país.

¿Somos capaces de imaginar a un dirigente admitiendo que no sabemos hacia dónde nos puede llevar una situación u otra? Y peor aún, ¿añadiendo que, en el fondo, dependemos de la naturaleza y que deberíamos cuidarnos de ella para prevenir consecuencias peores? La mayor parte del electorado prefiere la certidumbre; quiere escuchar que todo está previsto y que siempre existirá una solución ante cualquier problema. No queremos que nada dependa del azar, sino que todo ha de estar controlado. No lo olvidemos, nos creíamos diosas y dioses.

Si hombres y mujeres vestidos con taparrabos, en la prehistoria, fueron capaces de salvar a la humanidad sembrando granos y estabulando animales, nosotros no íbamos a ser menos. Gracias a nuevas vacunas, medicinas y otros avances habíamos erradicado las epidemias que otrora asolaron las grandes ciudades europeas. Éramos perfectos e infalibles; por eso, buena parte de nuestra sociedad ha seguido actuando de espaldas al cambio climático, la escasez de recursos, la superpoblación, etc. Es mucho más fácil y cómodo pensar que alguien hallará la solución, cuando, en realidad, sería mejor admitir y divulgar que formamos parte de una dinámica evolutiva en la que están inmersas todas las especies.

Todavía, en mis clases y conferencias, entre alumnos y oyentes —les admiro por su entusiasmo—, escucho que es imposible la extinción del *Homo sapiens*... de la humanidad. Todos los países del planeta, dicen, se pondrán de acuerdo y enviaremos arcas de Noé hacia el espacio… ¿Dónde están las naves? ¿Cuál será el destino? Y, lo más importante, ¿alguna nación apuesta por ello en serio? Es un tema, recurrente, que cumple bien como placebo; dejar ir que colonizaremos otros planetas o lunas. Y todo es porque, aunque conscientes de que las cosas no van demasiado bien ni con el clima, ni la contaminación ni el crecimiento demográfico, no vende resolver problemas que vayan más allá del día a día o, a lo sumo, de los cuatro o cinco años de una legislatura.

Pero, lo dicho, uno de los escorpiones de Gaia llegó de improviso: la pandemia de la COVID-19. Nadie había podido prever su arribo. La naturaleza está ahí fuera, sigue su curso, y Orión tuvo que improvisar sobre la marcha. Pronto se inició la carrera por la búsqueda de una nueva vacuna y antivirales capaces de combatir el SARS-CoV-2. Tal como sucedió con enfermedades y pandemias anteriores, es muy probable que podamos mitigarla e incluso vencerla gracias al trabajo de científicas y científicos; pero habrá que tomar nota y, a partir de ahora, tocar con los pies en el suelo, y pensar que no somos indestructibles: nos creímos dioses, pero tenemos los pies de barro.

Dioses con pies de barro

La pandemia del SARS-CoV-2 es, en buena parte, resultado de la vanidad y, en ocasiones, la estupidez propias del ser humano actual. Vanidad porque creímos ser el centro del universo además de la especie elegida. Estupidez porque primero asesinamos a Hipatia, por ser mujer y sabia; después procesamos a Galileo, cuando nos sacó a bailar en torno al Sol; quemamos a brujas y hechiceras, que eran las que estaban en posesión de conocimientos médicos reales, y acabamos mofándonos de Darwin, por osar plantear que descendíamos de un pequeño y peludo simio africano. A regañadientes, tarde y mal, acabamos pidiendo disculpas, pero de qué sirve si hemos continuado ignorando y cuestionando a los científicos.

La ciencia advertía del hecho de que estábamos forzando demasiado el medio en el que vivimos. Pero, como en el cuento de la cigarra y la hormiga, mientras los científicos y científicas trabajaban y lanzaban avisos, otros se durmieron en los laureles; confiaban ciegamente, como vía de salvación, en la capacidad inventiva y espiritual del *Homo sapiens.* ¿Improvisación? Actuando y haciendo previsiones a pocos años vista, y no en clave de décadas o siglos, resultaba más fácil convencer a la población de que nos bastábamos solitos para salir de todo nuevo atolladero. Hasta que hizo acto de presencia el SARS-CoV-2. De repente, semanas, días y horas adquirieron protagonismo en la desesperada batalla contra la pandemia; una posibilidad que los más optimistas creían imposible o, a lo sumo, catalogaban de improbable y lejana. Además, de llegar, cómo no, estaríamos preparados. La realidad ha sido otra, y en un suspiro pasamos del eslogan «salvemos la Tierra», a combatir por nuestra supervivencia más inmediata.

Salvar la Tierra, ¿de quién? ¿Del humano? Otra vez, nuestra vanidad y fasto. Nos creímos tan importantes que triunfó el discurso que nos impulsaba a alistarnos en una cruzada en pos de la defensa del planeta cuando, en realidad, para la élite solo importaba nuestra propia salvaguarda. El *carpe diem*, «aprovecha el día»: seguir con la deforestación, las emisiones contaminantes y la globalización, expiándonos en todo momento con el subterfugio y papel mojado de tratados internacionales. En realidad, el futuro del planeta, la continuidad de la vida, no están en peligro. Son ciertas formas vivas del presente, incluida la nuestra, las que penden de un hilo.

Entidades microscópicas, hongos, plantas y animales amenazados por el ser humano es cierto que caminan hacia la extinción, pero también podemos entrar en el bombo. Sea más pronto o más tarde, después de que haya desaparecido la última ballena o el último de los *Homo sapiens*, nos sobrevivirán ratas y cucarachas capaces de resistir virus extraños, elevadas dosis de radiación y cambios climáticos extremos. Por dicha razón hemos de replantear nuestros hábitos, así como tendencias y estrategias económicas globales; esto permitiría alargar, prorrogar, la fecha de caducidad del *sapiens*, así como hacer más feliz nuestra existencia y la de algunos compañeros del árbol de la vida. Aunque, para ello hemos de abandonar el trono de «especie elegida» y posicionarnos entre la plebe del mundo animal. Solo así entenderíamos las causas de la COVID-19, y de las pandemias que nos afectan y que pueden afectarnos en el futuro… además de otras amenazas. ¿Seremos capaces de abdicar? Y es que la saga dinástica de la humanidad viene de muy lejos.

Hemos hablado de nuestros inicios como cazadores-recolectores; siete millones de años. El genotipo de los homininos fósiles debió de ser muy parecido al del *Homo sapiens* actual. Por el contrario, la diferencia fenotípica entre Lucy y Katharine Hepburn son más que evidentes; solo hace falta comparar sus retratos. Y lo mismo podríamos decir del Hombre del Milenio respecto de Cary Grant. Por lo tanto, a nadie se le escapa, salvo a los negacionistas, que en el árbol evolutivo de la humanidad actuaron las leyes de la naturaleza a partir de un origen común. Como en un taller de chapa y pintura, donde se tunea un coche a fuerza de martillazos y pulidora, la selección natural pero también la selección sexual y la conductual escogieron aquellas características que eran las más óptimas para nuestra supervivencia en un determinado medio. En pocas palabras, estuvimos sometidos a las presiones selectivas de la naturaleza. Desde los pequeños mamíferos —no más grandes que una rata— que sobrevivieron al impacto del meteorito de hace 66 Ma, hasta la diosa Kate de *Historias de Filadelfia*, el taller trabajó a destajo; y ya no digamos si retrocedemos a los inicios de la vida microscópica de donde procedemos.

Pero el linaje continuó, y llegó el mayor cambio cultural y económico de la historia. Con el Neolítico se abrió la caja de Pandora; nuestro medio empezó a ser alterado por campesinos y pastores que adoptaron la vida sedentaria. Apostaron por una mayor descendencia que, junto al hecho de asegurar el alimento, repercutió en un aumento demográfico. Las aldeas crecieron hasta convertirse en ciudades. Además, la gestión de los excedentes de la agricultura y la ganadería derivó en la estratificación social. Reyes y caudillos dirigieron sus comunidades hacia la gestación de las llamadas «civilizaciones» que invadieron a otros pueblos en busca de tierras, recursos y bienes de prestigio. Con la producción había nacido la propiedad privada y los humanos la ambicionaron, por lo que se levantaron las primeras fortificaciones en torno a los poblados y surgieron constantes conflictos armados: la guerra. Y proliferaron las religiones plagadas de dioses que habían creado al ser humano como ser superior.

Todo estaba en transformación social y medioambiental. La preparación de la tierra para el cultivo y el pasto hizo que neolíticos, griegos o romanos iniciaran la destrucción de bosques y otros espacios naturales. Después llegó la Revolución Industrial del siglo XVIII y la imparable expansión demográfica de los siglos XX y XXI. Y, por el camino, protegidos en la burbuja tecnológica, nos olvidamos del papel de la naturaleza. Quedó relegada a mera proveedora de alimento, espacio habitable y otros recursos. En vez de aceptar, con humildad, que nos había seguido moldeando más allá de la aparición del *Homo sapiens* productor, nos consideramos amos y señores gracias al pensamiento racional y a una carrera tecnológica imparable.

Y mientras creíamos jugar en otra liga diferente a la del resto de los seres vivos, la ciencia empezó a medir y registrar las primeras consecuencias de haber alterado el medio natural.

Capítulo 10

Supervivencia: del bosque al supermercado

La Vía Láctea

Pasear por Paestum es una experiencia fantástica; más si llegamos muy temprano o fuera de las habituales franjas horarias del turismo organizado. Aun así, alejado de la *bella Napoli*, el lugar no es tan visitado, ni de lejos, como pueda serlo Pompeya. Por eso sorprende, cerca de las tiendas de *mozzarella* local y los campos donde pacen las búfalas, dar con tres templos griegos en un estado de conservación encomiable. Solo entonces puede entenderse por qué uno de los primeros turistas que anduvieron por aquí, el escritor y naturalista alemán Johann Wolfgang von Goethe, en el siglo XVIII, quedase conmocionado. Cumplió el deseo de ascender al Vesubio, pero la contemplación de aquellos majestuosos restos arqueológicos cambiaron su forma de pensar.

Goethe era uno de los viajeros europeos del *Grand Tour* —de aquí nace la palabra turismo— y, acostumbrado al lujo y el refinamiento, al llegar a Nápoles quedó escandalizado por el hecho de que todo oliera a aceite frito, o que los niños holgazanearan por las calles en medio del bullicio más insoportable. Se equivocaba. Nápoles es una ciudad maravillosa: muchos hemos caído rendidos a los encantos de la sirena Parténope, y Goethe no fue una excepción. Un enamoramiento que se tornó más pasional cuando sucumbió ante la belleza de Paestum.

Pero no solo es una historia de sirenas. Nápoles tiene su fundación en la colonia griega de Neápolis. Los griegos eran uno de aquellos pueblos que, en la Antigüedad, como ocurrió en Mesopotamia o en Egipto, crecieron y se expandieron. La producción los llevó no solo a contar con esplendorosas ciudades y colonias, sino que algunos individuos privilegiados, los que podían permitirse no trabajar y llevar una vida ociosa, empezaron también a razonar: el logos. Así, nació la ciencia. Como decía Carl Sagan en uno de los episodios de la serie *Cosmos*, quizá no fue casual que algunos de los pensadores griegos más famosos procedieran de pequeñas islas; allí, aislados, lejos de las distracciones de ciudades como Atenas, solo les quedó una opción: emplear el tiempo en la observación.

Fue la observación lo que permitió a Darwin escribir *El origen de las especies*, y Jane Goodall, en el Parque Nacional de Gombe, pasó muchos años observando pacientemente a los chimpancés. Y, aquellos griegos, con mucho tiempo libre, observaron que el mástil de un barco desaparecía poco a poco por el horizonte: ¿la Tierra era curva… era una esfera? En efecto, lo era, y Eratóstenes midió su circunferencia con éxito. Reyes, sacerdotes, pescadores y comerciantes habían visto mil veces lo mismo, pero no se habían preguntado por qué ocurría. Un grupúsculo de curiosos —eran los albores de la ciencia— no se conformaron con el mito, y prefirieron indagar sobre el porqué de las cosas. El problema es que chocaron —le ocurriría a Darwin siglos más tarde— con la explicación mítica; siempre más fácil de comunicar y aceptar. Volvamos a Paestum.

El templo de Hera es el más antiguo del complejo arqueológico de Paestum; está datado en el siglo VI a. C. Las versiones mitológicas son varias, complejas y dramáticas, pero, sintetizando mucho, los griegos creían que el esposo de la diosa Hera, Zeus, tuvo un hijo con Alcmena, la mujer del rey Anfitrión. La diosa sintió ira hacia ese niño, que no era otro que Heracles, e hizo todo lo posible para que no naciera, incluso intentó matarlo una vez nato. No lo consiguió. Una noche, mientras Hera dormía, le colocaron al pequeño a su lado, en el lecho, para que el bebé mamase de una diosa. El niño pudo alimentarse de leche divina y de ahí que continuase la leyenda de Heracles (el Hércules de los romanos). Hera despertó y, al percatarse de lo que estaba ocurriendo, arrancó al niño de su pecho, y del chorro de leche derramada se formó la Vía Láctea.

La leche materna es la única que consumen los hadzabe a lo largo de su vida. Los cazadores-recolectores hemos explicado que alargan el período de amamantamiento de su descendencia; es la manera de asegurar una buena alimentación de los pequeños en un medio en el que cada día se sale de caza y recolección, pero sin saber si la recompensa será pobre o fructífera. Ahora bien, tras el período de lactancia ya no ingieren más lactosa. Por lo que una de las normas cuando contactamos con ellos es jamás proveerles de productos lácteos.

Los hadzabe, cuando recolectan miel salvaje —una de sus golosinas más preciadas— o cazan un animal, aunque sea de pequeño tamaño, distribuyen el botín entre todos los presentes, y eso nos incluye. Son una sociedad igualitaria. Podrían ahorrarse el amable ofrecimiento, y más en la estación seca, pero el hadzabe es así: todo es de todos. Por ese mismo motivo evitamos comer frente a ellos; tendríamos que compartir y, según el tipo de alimento, la ingestión de productos a los que no están habituados podría causarles un daño irreparable. Y es que siempre han vivido en el *bush*, por lo que su biología está adaptada a los recursos nutricionales que hallan en dicho medio. De hecho, las raíces genéticas de los hadzabe vienen de muy lejos. Junto con otros pueblos khoisánidos actuales del África austral, su genoma es el más estrechamente emparentado con los primeros *Homo sapiens,* cuya génesis situamos en África. Desde entonces, durante muchos miles de años, han continuado con la vida predadora.

En cambio, algunas etnias productoras, como los maasai, ya hemos visto que dependen del ganado. Cada mañana, provistas de calabazas vaciadas —hoy muchas veces sustituidas por recipientes de plástico—, las mujeres ordeñan las vacas; es el desayuno. El excedente lo baten repetidamente dentro de los contenedores para hacer manteca. Y los niños, mientras andan con el ganado, cuando ya han pasado horas desde que pudieron beber un poco de sangre, buscan un baobab.

Consiguen algunos frutos, parten el duro envoltorio por la mitad, machacan las semillas del interior y entonces ordeñan una cabra; lo mezclan todo y obtienen una especie de yogur bebido.

Los antiguos egipcios también daban mucha importancia a la leche, y no lo digo por la escena de Elizabeth Taylor —la *Cleopatra* de Joseph L. Mankiewicz— bañándose en leche de burra, sino por todas las alusiones que aparecen en el arte religioso y funerario. También en nuestro mundo actual los derivados lácteos son parte fundamental de la gastronomía de muchas culturas, tanto como productos de primera necesidad como en el terreno de la alta cocina. Pero, a la vez, seguro que sabemos de algún familiar, amiga o conocido que es intolerante a la lactosa.

La lactosa es uno de los azúcares que está en la leche de todos los mamíferos y para digerirla necesitamos una enzima que produce el intestino delgado: la lactasa. Bebés, niñas y niños hadzabes, y los nuestros, pueden tomar la leche materna sin problemas, pues producen este enzima. Ahora bien, transcurrido un tiempo —no es casual que coincida con el período de tres a cinco años durante el cual las madres hadzabe amamantan a su prole—, dejamos de producir lactasa, por lo que ya no podemos digerir leche. La naturaleza había previsto la necesidad de la enzima desde el parto hasta el destete, y ya está. Pero con el cambio de predadores a productores, ante la imperiosa condición de sobrevivir, echamos mano de otros nutrientes. Y, aunque en este caso fuera empujados por el hambre, desafiamos a la naturaleza: alargamos la ingestión de leche, y sus derivados, durante el resto de la infancia, adolescencia, juventud y etapa adulta.

En aquel momento crucial, muchos predadores reconvertidos a productores es muy posible que manifestaran problemas digestivos; habían tolerado la leche de sus madres, pero no la de los animales que empezaban a domesticar. Al no poder disgregar la lactosa, los azúcares fermentan y producen gases, dolores estomacales, diarreas y otras molestias. Una parte de la población, aun no pudiendo digerirla, soportó el consumo de leche, pero lo habitual fue que se presentaran intolerancias a la lactosa. Entonces, ¿cómo han podido triunfar los productos lácteos en las sociedades humanas productoras?

Presumíamos de que nuestro éxito en el Neolítico se había reducido únicamente a la tecnología humana —nos impusimos al medio—, pero la naturaleza seguía ahí, y la selección natural, también. La prueba es que los genetistas han detectado que, coincidiendo con la implantación de la ganadería, apareció una mutación que afecta al gen que controla la producción de la enzima lactasa. Una mutación es un error en la cadena de montaje... como dejarnos una pequeña ruedecita dentada o un muelle fuera cuando armamos un antiguo cronómetro de precisión. Por lo tanto, esta mutación, de haberse producido en el seno de un grupo cazador-recolector, lo más probable es que hubiera sido eliminada por la selección natural. Pero, al darse en grupos humanos que empezaban a alimentarse de lácteos resultó ser providencial: la vida era mucho más fácil para un individuo capaz de tolerar la lactosa.

La mutación en el gen de la lactasa se ha detectado en poblaciones neolíticas del norte de Europa; es muy representativo que, en la actualidad, entre el 80 y el 95 % de los nórdicos presenten el gen que mantiene activada la lactasa de por vida. No es de extrañar que puedan disfrutar, sin problemas, de tanta vaca lechera y una exquisita variedad de quesos. Por el contrario, se ha visto que, a medida que descendemos hacia el sur, disminuye el número de personas con esta adaptación biológica; y de ahí la mayor probabilidad de que una persona manifieste, con la edad, intolerancia a la lactosa. Pero ¿y África? Pueblos como los maasai dependen no solo de su mito relacionado con Ngai y la Vía Láctea, sino del consumo de leche.

Recientemente, estudios genéticos han servido para discernir que una situación muy similar a la acaecida en el norte de Europa se repitió también en África; la aparición de una mutación que afectó al gen de la lactasa. Tal como comentábamos con la genetista Maria Oliver, durante una reciente tertulia científica, la mutación fue favorecida, de forma independiente, en diferentes puntos del planeta. Metidos de lleno en la ganadería de bóvidos y ovicaprinos, las intolerancias no eran el mejor plan, y la mutación fue bienvenida.

El triunfo de la mutación no respondió a un deseo humano; por mucho que quisiéramos digerir bien la leche, fueron los caprichos de la naturaleza, el azar, lo que hizo posible la mutación del gen lactasa. De haber sido un deseo, muchos terrícolas no seguirían estando un poco más «emparentados» con los *Homo sapiens* cazadores-recolectores del pasado: son, precisamente, los intolerantes a la lactosa. El azar puede obsequiarnos con el boleto ganador, o no. Así se entiende que, en la serie televisiva *The Big Bang Theory*, mientras Sheldon Cooper, cada sábado por la mañana, toma su tazón de leche con cereales viendo un episodio del *Dr. Who*, su compañero de piso en Pasadena, Leonard Hofstadter, ha de mantenerse alejado de todo producto lácteo.

En pocas palabras, la evolución sigue actuando sobre nosotros. Somos animales que fuimos construidos a partir de un bastidor común compartido con el resto de los seres vivos; por eso, nuestro ADN es muy parecido al de una mosca, una rata o un chimpancé. La evolución nos ha customizado a todos a fuerza de chapa y martillo, haciéndonos lo más aptos posibles a cambios azarosos en el medio; siempre, claro está, que hagan acto de presencia las oportunas, y también azarosas, mutaciones. Con tanto golpe de maza y retoques más finos, existen piezas que se han ido alargando, estrechando o arrinconando. Y es que la evolución no es perfecta; no se rige por ningún diseño previo… va improvisando.

Por supuesto que los cambios culturales, los decididos por nosotros y no codificados en los genes, también han sido básicos para acelerar y ajustar la adaptación al medio. Tienen la ventaja de ser rápidos, pues son muchos los sujetos que, ante una necesidad, pueden acabar inventando e innovando determinadas conductas o herramientas. Lo vemos en pulpos, córvidos, nutrias, ballenas, macacos o chimpancés; son agentes difusores de tradiciones culturales. Pero, atención, la cultura también forma parte de la biología. Gracias a complejos cerebros, producto de la evolución, muchos animales son capaces de ofrecer respuesta, adecuada o no, a las transformaciones que experimenta su medio.

Lo importante es entender que nuestra especie no ha salido del taller; ni tan siquiera una vez dejada atrás la vida predadora del Paleolítico. La naturaleza sigue actuando, y vemos las consecuencias. Por ejemplo, entre otras, la mutación del gen lactasa en el ser humano. Las mutaciones también afectan a los seres y entidades que nos rodean; desde los más grandes hasta los microscópicos. Y, un dato importante a tener en cuenta: los cambios pueden ser inesperados y rápidos.

En territorio aborigen

Dormíamos en la comunidad aborigen de Gapuwiyak… la Tierra de Arnhem, al norte de Australia. Hasta allí, aislados de cualquier otro reducto humano, llegamos el pequeño grupo científico acompañados por un equipo de *National Geographic*. El objetivo era documentar las costumbres de una de las últimas etnias aborígenes australianas cuyos mayores, aún hoy, intentan conservar las tradiciones ancestrales de la vida en el bosque: cultos, caza, recolección, cestería… En efecto, los yolngu son cazadores-recolectores, pero en la actualidad viven sedentarizados.

Hacía poco, muy poco, que ya podíamos comunicarnos con ellos. Al arribar a Gapuwiyak, tras circular con el 4x4 desde el aeródromo de Nhulunbuy, me sorprendió la indiferencia con la que nos recibieron. Estaba acostumbrado a las gentes de África. En Peninj, al principio, los niños y niñas maasai se asustaban de mi pálida piel, de la barba o de aquellos grandes pies con botas, pero todos acababan acercándose para tocarte y después escapar del monstruo a la carrera. Las mujeres, e incluso los altivos guerreros, saludaban y mostraban curiosidad por tus extrañas ropas, la brújula o el sombrero. Entre los yolngu, no. Establecimos el campamento, pasaban a pocos metros, y éramos invisibles; incluso parecía que los perros nos ignorasen.

Muchos meses antes, gracias al paleoantropólogo y taxonomista Colin Groves, de la Universidad Nacional Australiana, desde el Grupo de Orígenes Humanos (HOMINID) habíamos iniciado los trámites para contactar con los yolngu. Además del permiso del Gobierno australiano, y otro específico para trabajar en la Tierra de Arnhem, necesitábamos la aprobación directa del consejo tribal… y la única manera era dialogando con su representante por vía telefónica. Conseguimos el número correspondiente a un teléfono fijo. Ahora, en tiempos de la telefonía móvil, puede parecer una tontería, pero a finales de los noventa fue toda una proeza escuchar, desde Barcelona, el casi inaudible susurro de aquel respetable y anciano aborigen; nos hablaba desde las antípodas. Previamente, habíamos enviado varias peticiones por vía postal, pero todo dependía de aquella llamada. La respuesta fue un sí.

Entonces, si nos habían aceptado, ¿cuál era el porqué de tan fría, o mejor dicho, inexistente acogida? Seguíamos viendo pasar a hombres y mujeres sin demasiado éxito; solo Bangana, el yolngu que habría de ser nuestro guía e intérprete, se presentó con una gran sonrisa y gafas de sol. Fue él quien una noche vino a buscarnos para conducirnos hasta un destartalado barracón de madera; hacía las funciones de punto comunitario de reunión. Con el recuerdo puesto en su existencia como nómadas del bosque, las familias aborígenes de Gapuwiyak no descansan en el interior de las amplias cabañas de madera que construyó el Gobierno, sino que hacen vida en el porche; allí no es extraño ver desde hamacas colgadas, a pequeños iglús como los que se venden en las tiendas de *camping*. Pero, en aquella ocasión, Bangana dijo que accediésemos al interior y escuchásemos; dentro estaba reunido el consejo. Vicky, Marcos, Eva, Pau, Olivier, Paco y yo éramos *balanda* (extranjeros) en el momento de entrar, pero salimos como miembros de la comunidad. Nos otorgaron un nombre clánico a cada uno. Y, como por arte de magia, todos empezaron a hablarnos y a pulular por nuestro campamento base. Formábamos parte del grupo. Incluso los perros asilvestrados ya nos ladraban y querían mordernos en las pantorrillas.

Me desperté con los gritos y bocinazos de Jo. Había llegado con su Toyota Land Cruiser y quería que la acompañásemos. No era aborigen, sino una funcionaria que trabajaba para la comunidad. No recuerdo si era antes o después de la medianoche, pero, en segundos, vestidos de cualquier manera, nos vimos dentro del 4x4 conduciendo a toda velocidad. Íbamos hacia la pequeña pista de aterrizaje donde operaba un piloto comercial ya retirado. Scott había pasado de pilotar grandes reactores comerciales a una pequeña avioneta Cessna; formaba parte de una organización no gubernamental que ayudaba a poblados aborígenes aislados por el gran Territorio del Norte. Y aquella noche la situación era grave.

El hombre yolngu se encontraba muy enfermo y debía ser evacuado rápidamente por vía aérea. Se esperaba el aterrizaje de un bimotor medicalizado, pero la pista era de tierra. El tapiz intensamente rojo que caracteriza a la región cuando está desnuda de bosque; y esto incluía desde los campos de termiteros —que parecen formaciones de megalitos prehistóricos—, pasando por las carreteras kilométricas hasta aquel minúsculo aeródromo. Por supuesto, no contaba con sistema de balizamiento y el estado crítico del enfermo hacía imposible esperar a las primeras luces del día, cuando la visibilidad es perfecta para la maniobra de aproximación y aterrizaje. Solo había una solución, aunque requería de toda la celeridad posible. Jo frenó en seco delante de una especie de hangar y sacó un remolque que encajamos en el enganche del todoterreno. Iba repleto de unas bolas metálicas negras, parecidas a las bombas explosivas que salen en las películas de dibujos animados; y es que en la parte superior portaban una mecha. Eran las balizas portátiles rellenas de combustible inflamable.

Por radio, el piloto había indicado la hora aproximada de llegada, y no faltaba mucho. Por lo que iniciamos una carrera frenética. No lo habíamos ensayado jamás, pero Jo encaró la pista con el 4x4 y nos enseñó cómo debíamos prender y colocar las bolas a ambos laterales del aeródromo. Situábamos las ultimas señalizaciones cuando oímos el rugido de las hélices. Con las luces largas del Toyota recorrimos la zona de aterrizaje un par de veces. Allí arriba, una vez comprobaron que las balizas marcaban tanto la anchura como inicio y final de la pista, necesitaban que les aseguráramos que no hubiese ningún canguro, emú, perro o humano con el que pudieran chocar al tomar tierra.

El avión aterrizó y rápidamente acomodaron en la camilla al hombre que debía ser evacuado. La urgencia era máxima y no hubo ni tiempo de dar la mano a los experimentados y valientes aviadores. Replegaron la escalerilla, aseguraron la portezuela y de nuevo las hélices empezaron a rotar. El ave de hierro despegó llevando en su panza a uno de los muchos aborígenes que son víctimas del violento choque de nuestra forma de vida sedentaria y productora con unas gentes que, hasta hace unas pocas décadas, eran cazadores-recolectores nómadas.

No puedo calcular, ni cronometré, la duración de la operación, pero estábamos exhaustos y deshidratados. El sudor se mezclaba con el combustible, y se nos había pegado el fino sedimento rojo. Me tocó sentarme como copiloto de Jo y, por primera vez, me dirigió una sonrisa que hizo extensible a mis compañeros de atrás. Ya habíamos pasado a formar parte también de su grupo, aunque continuásemos siendo aquellos extranjeros que, constantemente, le pedíamos que repitiese la pregunta más despacio: su inglés era casi como la lengua yolngu local... salía disparado de sus labios con la cadencia de una ametralladora. La humedad y el calor eran asfixiantes y detecté la cantimplora que reposaba sobre el salpicadero. Me la pasó, di un sorbo y pronto entendí que aquello era más espiritoso que el H_2O. Un producto parecido, junto con muchos otros llegados de fuera, era el que, con toda probabilidad, había derivado en la situación del aborigen que acababan de evacuar.

Lo que viene de fuera

Durante la preparación de nuestra expedición en el norte de Australia, fue clave la documentación consultada en el Museo Etnológico de Barcelona. Este cuenta con una de las mejores colecciones de cultura aborigen: pinturas sobre corteza, bumeranes, propulsores (o *woomeras*), lanzas, herramientas líticas y también fotografías. Estos pueblos eran cazadores-recolectores y, como hemos visto para el caso de los hadzabe, se movían constantemente por el territorio durmiendo al raso, o en campamentos donde levantaban sencillos refugios abiertos. Esto implicaba un constante ejercicio físico y, en todas las instantáneas en blanco y negro tomadas por Eudald Serra y Albert Folch en los años sesenta, vemos cuerpos delgados y fibrados tanto en mujeres como hombres.

El enfermo evacuado desde el aeródromo, nuestro cicerone Bangana y un enorme porcentaje de las personas que vivían en Gapuwiyak sufrían sobrepeso; la causa era evidente: el giro dado hacia la reducción de la movilidad... la sedentarización. La obesidad, favorecida también por un cambio radical en la dieta, más el tabaco y la introducción del alcohol estaban diezmando la salud de los aborígenes australianos. El problema había llegado de fuera.

Las ancianas y ancianos de Gapuwiyak eran conscientes del intruso y, desde hacía tiempo, habían prohibido a todos los miembros de la comunidad el consumo de alcohol. Lo cual no es fácil cuando el hábito se ha enquistado. Conseguir que el economato local no vendiera alcohol es un gran paso, pero, saliendo de los límites administrativos, tras circular unas horas en coche, existía la posibilidad de hacerse con una provisión de latas de cerveza. Detener el furtivismo era complejo; había escapadas de jóvenes y no tan jóvenes. *A priori*, podría parecer una medida extrema y represiva, pero los caminos de la evolución no son idénticos para todos los pueblos humanos. El alcohol es mal tolerado por el organismo de los aborígenes.

Muchos pueblos predadores y productores, alejados de grandes urbes, suelen consumir tanto plantas alucinógenas como alcohol que elaboran con técnicas tradicionales. Esto no parece alterar, al menos gravemente, su salud, pero estamos hablando de productos de origen natural... no fermentados o destilados a nivel industrial. En el caso de los maasai y los datoga, está muy extendido el consumo de la hidromiel. Es más, otros animales no humanos también parecen encontrar placer y diversión con la ingesta de productos alcohólicos. Sin ir más lejos, los elefantes africanos muchas veces se alimentan de frutos de la marula; ligeramente fermentados, contienen un jugo alcohólico que entona a estos gigantes. Otra cosa sería si les administrásemos licores mucho más fuertes, de elaboración antrópica.

Es lo que ocurre, por ejemplo, con los hadzabe de Tanzania. En ocasiones, asoman la nariz por los mercadillos que, de forma periódica, llegan a los asentamientos agrícolas de Eyasi. Es una buena ocasión, y más en la estación seca, para el trueque: intercambiar la preciada miel salvaje que recolectan por carne. Sacrificar una cabra o un cerdo domésticos, para algunos grupos hadzabe ya muy cercanos a las áreas más pobladas, puede ser un buen sustituto del antílope o facóquero salvajes. Pero también sabemos que les han ofrecido destilados locales de graduación muy elevada. Su cuerpo no está acostumbrado a estos licores ajenos a una dieta milenaria, y no solo ha derivado en graves problemas de salud, sino en algo que era desconocido entre ellos: la agresión a congéneres.

Y este es uno de los grandes problemas que padecen muchos aborígenes en Australia: el alcoholismo. Varios grupos, desde tiempos de la colonización europea, fueron desplazados de sus tierras; lo cual, sobre todo en las grandes ciudades, los ha llevado a una vida ociosa: sin trabajo y dependientes de los subsidios, y cayendo en las garras del alcohol. El alcohol, no solo en Australia, sino también durante las etapas coloniales en otras zonas del mundo, ha sido utilizado como arma eficaz para desestructurar comunidades tradicionales. En el caso de los inuit, recomiendo la película *Los dientes del diablo*, y en muchas cintas, del género wéstern, vemos a desalmados ofreciendo grandes cantidades de botellas de *whisky* a las tribus indígenas. Lo he visto con mis propios ojos en la zona de la Amazonia. Empresas importantes regalan litros y litros de alcohol de muy alta graduación a las etnias locales para tenerlos desocupados y borrachos. Así, en el río Napo, encontré a un pescador quechua que estaba tumbado, sin sentido, en la misma playa fluvial donde el día anterior me enseñaba a evitar a los caimanes. No despertó y hubo que sacarlo a cuestas.

En el caso de los aborígenes australianos sabemos que su cuerpo no metaboliza bien el alcohol. Por supuesto que existe mucha variabilidad entre individuos, cada persona es un mundo. Compañeros universitarios decían estar ebrios con una única pinta de cerveza, por lo que, dejando de lado que siempre puede existir un cierto grado de sugestión, es evidente que no todos los *Homo sapiens* toleran igual la bebida. Yendo a fuentes más objetivas, según lo que he podido consultar en la Organización Mundial de la Salud y algunos ministerios de Sanidad, una persona, dependiendo del sexo, edad, estado de salud y otros parámetros, puede metabolizar al día entre tres y cuatro cañas de cerveza o copas de vino, en el caso de los hombres, y dos de estas unidades en el caso de las mujeres. Para eventos y celebraciones ocasionales, la limitación aumenta a seis y cuatro unidades respectivamente. Ahora bien, en el caso de los aborígenes australianos la limitación tendría que ser la de consumo cero. A nivel biológico, existe una predisposición de su organismo hacia la intolerancia al alcohol, y he visto a chicos aborígenes totalmente destrozados con solo un par de latas de cerveza en el cuerpo.

En Gapuwiyak, el médico del dispensario nos señaló que la esperanza de vida media de los yolngu se situaba en torno a los cincuenta y seis años, mientras que la de los australianos blancos era de setenta y seis. Por lo que la prohibición respecto al alcohol, promovida por la propia comunidad, era todo un acierto. Ahora bien, los hábitos sedentarios y el cambio de dieta también habían derivado hacia otra nueva amenaza: la obesidad. Según Steven, el doctor, las primeras causas de mortalidad entre los aborígenes eran afecciones que, durante su existencia como cazadores-recolectores, resultaban desconocidas: infartos de corazón, enfisema pulmonar y diabetes. El cáncer también ha ido en aumento.

Otra vez, los más ancianos estaban estimulando el regresar a las tradiciones de supervivencia ancestrales, pero era tarea difícil.

¿Me llevas?

Cada día de estancia en Gapuwiyak generaba una sensación agridulce; entusiasmo por el trabajo de campo, pero la tristeza de estar observando un mundo en proceso de desfragmentación. Íbamos con las mujeres a recolectar plantas, y veíamos cómo seleccionaban las hojas más largas del *Pandanus* para luego procesarlas, con manos y dientes, en tiras vegetales. Después, las teñían hirviéndolas con tubérculos y cortezas que imprimían diferentes colores: rojos, amarillos, azul oscuro, negro, verde... Una vez desecadas a la intemperie, las ancianas tomaban asiento en el suelo y procedían a tejer sus cestos: «Estos flexibles y de redecilla son para llevar la pesca [tanto marina como fluvial], estos rígidos y con forma de tubo, para transportar frutos... los más grandes, para cualquier uso; así empiezo a entrelazar la base del cesto... es lo más complicado».

Bangana traducía las detalladas explicaciones de Lucy; sin quitar ojo de su tarea, atendía cualquiera de nuestras preguntas. Un día, al colocar la pequeña cámara de vídeo frente a ellas, observé que también estábamos a punto de filmar con la cámara y el trípode más grande, por lo que les preguntamos si se sentían incómodas. Podíamos detener el documental y seguir anotando en nuestros cuadernos. Dijeron que continuáramos. Querían que las mirásemos, eran las más veteranas del grupo, y conscientes de que con ellas se perdería aquella tradición ancestral: «Si tomáis imágenes, quizá nuestros descendientes, cuando lo vean, podrán saber cómo vivíamos antes. Ahora ya todo son bolsas de plástico que vienen del economato. Los jóvenes no necesitan perder el tiempo haciendo cestos».

En efecto, los plásticos se habían adueñado de Gapuwiyak. Estábamos a 225 km de la jungla de asfalto más cercana, en medio de un paraje natural virgen y de ensueño, pero la abrupta llegada de la cultura procedente de la sociedad industrializada había cambiado aquello. Las baterías que alimentaban los radiocasetes, linternas y alguna consola de videojuegos estaban por allí tiradas; no solo al alcance, cuando se deteriorasen más, del subsuelo, los acuíferos y los ríos, sino de los cerdos domesticados que, junto a algún que otro emú que hacía las funciones de mascota, removían el espacio más cercano a las cabañas en busca de basura. Y lo tragaban todo: huesos, fruta podrida, bolsas pringadas de aceites y mantecas, etc.

Mientras vivieron como cazadores-recolectores, todo lo que utilizaban y desechaban los aborígenes eran productos de origen vegetal o pétreo. Cuando abandonaban un cesto, un recipiente de corteza para llevar agua o incluso su instrumento de viento (el *didgeridoo*) todo desaparecía descompuesto en el bosque. El propio *didgeridoo* ceremonial de aquella comunidad era un tronco vaciado por las termitas... ellos no lo fabrican, a lo sumo, lo decoran. Les viene dado por la naturaleza. En cambio, la bolsa de plástico, no. Los educadores intentaban enseñarlo en la escuela primaria local, pero todo aquello había llegado demasiado rápido, sin que los aborígenes pudieran asimilarlo. Al igual que los coches.

«¿Me llevas?» Era la cantinela de cada mañana, mediodía y tarde. Disponíamos de un flamante todoterreno; el único que pudimos encontrar en toda la península de Gove. Ninguna empresa de alquiler de coches había querido facilitarnos un vehículo para ir hasta lo más recóndito del territorio aborigen; decían que dudaban de que su 4x4 pudiera regresar sano y salvo. Y no andaban del todo equivocados, después supimos a qué se referían. En definitiva, una gran parte de nuestro presupuesto cayó en manos de un pequeño autónomo; por la suma acordada nos ofreció un potente y espacioso Land Cruiser. En Nhulunbuy, antes de tomar el vuelo de regreso, casi le pagamos un vehículo nuevo. Encontramos una gasolinera y lo pasamos por el túnel de lavado; frotamos con paños, rascamos con las uñas y seguían viéndose restos de sangre, grasa y quizá carne de canguro: los vestigios forenses de nuestras aventuras y desventuras con los aborígenes. Fue imposible disimular que todo el tubo de escape se aguantaba ahora con alambre —con las vibraciones había caído—, o las rayaduras de los laterales; la pintura había saltado al pasar por pistas forestales cuya anchura era casi la del 4x4: todas las ramas rotas querían abrazarte. Un intermitente roto al maniobrar entre el laberinto de árboles y otras nimiedades de cuando tuvimos que sacarlo del lodazal. Lo peor estaba en el cuentakilómetros... los desplazamientos por la Tierra de Arnhem fueron larguísimos —las diferentes comunidades estaban muy dispersas en el *bush*— y, además, habíamos servido de taxi para, prácticamente, todos los habitantes de Gapuwiyak: el día que llevamos a la familia de Bangana hasta un funeral en la costa, el día que los condujimos a una danza ritual en medio del bosque, el día que fueron a visitar a un chamán que pintaba canguros totémicos sobre corteza de eucalipto... Según el nuevo universo aborigen, todos vivían a poca distancia; pero, en la práctica, eran horas de *rally* por pistas rojas y campo a través. Lo único que estaba cerca resultó ser el economato, y hasta para llegar allí, querían que los llevásemos en coche.

Un aborigen de hace miles de años, o de los que fotografió la expedición del Museo Etnológico en la década de los sesenta, habría recorrido decenas de kilómetros para ir a cazar o recolectar, pero no a finales de los noventa. Nos pedían embarcar a bordo del 4x4 para ir en busca de tabaco al supermercado del pueblo. ¡A lo sumo, eran tres minutos andando desde donde estábamos! En otros remotos rincones del mundo siempre despierta furor la novedad de viajar en coche, pero, satisfecha la curiosidad, no repiten, incluso evitan la montura mecánica. Los hadzabe jamás nos han pedido dar una vuelta. Tuve que ser yo quien los metió dentro cuando hubo que llevar a una mujer al hospital; había caído al fuego y tenía media cara quemada. Iba aterrorizada; cuando recobró fuerzas, aún sin curar, escapó del hospital donde la habíamos dejado ingresada.

En Gapuwiyak conocían de sobras qué era un vehículo; algunos yolngu incluso conducían el suyo propio cuando había provisión de lo más escaso y valioso en la zona: combustible. Consecuentemente, la cantinela del autoestopista no tenía nada que ver con darse un garbeo: era cuestión de vagancia absoluta. Así crecían las barrigas, incluso entre los chavales que iban por allí en bicicleta. Por mucho que pedaleasen, y en contraste a los delgados niños y niñas hadzabe, algunos también padecían sobrepeso evidente. La falta de ejercicio físico era una causa, pero había otra. La obesidad, junto con los elevados niveles de colesterol y azúcar en las analíticas clínicas —lo que supone un alto riesgo cardiovascular entre los aborígenes—, tiene relación muy directa con la nueva dieta de los aborígenes. Por supuesto, como el alcohol, venida de fuera.

¡Cola de canguro!

Acompañamos a los hombres y mujeres yolngu en varias partidas de caza. Para no variar, la distancia que antaño habrían cubierto andando desde su campamento nómada ahora se convertía en una salida motorizada con el pequeño pueblo sedentario como base de operaciones. Cuando a la expedición se unían la mujer, hermanos, cuñadas e hijos y sobrinos de Bangana, entre yolngu y *balanda*, superábamos la docena, por lo que usábamos dos transportes; el nuestro y el de ellos. Y, otra vez, la sensación agridulce.

Era interesantísimo registrar su lenguaje de signos dentro del bosque, o cómo pintaban sobre cortezas, enmangaban un hacha de piedra o conseguían miel. Nos hablaron de las técnicas para capturar rayas, tiburones y tortugas marinas en cristalinos mares donde era mejor no meter el pie: acechaba el tiburón blanco, los cocodrilos de agua salada, peces roca y medusas muy venenosas. En aquellas idílicas playas desiertas no veías paneles indicativos de advertencia, pero estaban los aborígenes para agarrarte del brazo a tiempo. No se fiaban de nuestras habilidades. Sabían hacer fuego por fricción; con un bastón mucho más corto que el de los hadzabe, y un poco más grueso. Pero, a diferencia de ellos, cuando había que encender el pitillo preferían el mechero desechable comprado en el omnipresente economato. También les era útil para provocar incendios forestales intencionados; la manera de regenerar los bosques de eucaliptos, cicas y *Pandanus*. Es una costumbre ancestral de sus tiempos como cazadores-recolectores, pero que estuvo a punto de causar algún que otro estrago; nuestro flamante taxi 4x4 —tenían la manía de prender fuego a la vegetación y no avisar—, casi resulta devorado por las llamas. En otra ocasión, al huir la fauna y buscar refugio en zonas despejadas, anduvimos por una pista con los eucaliptos ardiendo en ambos flancos y plagada de ofidios. Eran serpientes que silbaban y saltaban hacia nuestras botas. «No pasa nada», dijo Bangana mientras reían y caminaban descalzos.

Recuerdo el día que partieron en busca de la materia prima para fabricar lanzas y, menos Bangana, todos salieron corriendo detrás de algo que al final no capturaron. Douglas y Peter eran más activos y se mantenían en buena forma; aprendimos mucho de ellos siempre que no entraban en períodos de sopor y aletargamiento. Era la mentalidad cazadora-recolectora de antes, donde se sigue el principio de vivir al día, sumada a una existencia desocupada y sedentarizada. Y el cóctel era surrealista... como un barco a la deriva. Pero, en aquella carrera desbocada por la espesura vegetal, volvían a ser los yolngu de antaño: rápidos como el ualabí. Ni tan siquiera pudimos atender a las mínimas prevenciones —estábamos en uno de los lugares del planeta con mayor concentración de animales altamente venenosos—, aunque tampoco queríamos perderlos ni perdernos. Cuando por fin se detuvieron, verifiqué que el fiel sombrero fedora siguiera en su sitio, y ni me percaté de la araña que llevaba prendida del pecho. Todas las miradas yolngu se clavaron en mi camisa y sospeché que no era debido a la pérdida de un botón; alguna cosa no iba bien. Bajé la vista e incluso me pareció bonita, pero cuando intentaba identificarla, de un ágil manotazo la arrancaron de mi cuerpo y se perdió entre la espesura. No les había gustado mucho, pero tampoco destruyeron al arácnido... como decían los hadzabe, para qué matar lo que no se come.

Fabricaron varias lanzas y arpones. Las hojas lanceoladas de metal sustituían a las puntas de piedra tallada que habíamos estudiado en Barcelona; y los apéndices de raya usados para los arpones eran varillas de acero procedentes de la construcción. Registramos, pormenorizadamente, cómo asían y manejaban el propulsor, o *woomera*, para que la lanza saliera con mayor fuerza y precisión. En los yacimientos prehistóricos de la Caune de l'Arago, en Francia, había fabricado mis propios propulsores y jabalinas, y aún hoy, siempre que me acerco por Burgos, seguimos rememorándolo con los colegas de la Fundación Atapuerca. La arqueología experimental permite revivir la utilización de propulsores y lanzas en la prehistoria, pero entre los yolngu de Australia, como con los arcos y flechas de los hadzabe, nos hallábamos rodeados de mujeres y hombres que todavía mantenían el uso de aquellas herramientas. Era cierto, pero también me estaba dejando arrastrar por una visión romántica.

Somos personas, tenemos sueños, pero también somos científicos. Aquello no era el mundo aborigen que yo me había imaginado tras leer varios libros de antropólogos y etnólogos de décadas pasadas, sino el mundo real. A diferencia de lo que suele ser habitual —véase la alteración del hábitat de los hadzabe—, no habíamos transformado el paisaje «natural» de los yolngu, pero sí alterado su forma de vida. Los bosques de eucaliptus y cientos de canguros siguen ahí, intocados; y, por ahora, no están en peligro de extinción. En cambio, las casas de madera, el economato, la cabina telefónica, los vehículos de motor, la basura, etc., formaban parte de su nuevo hábitat rural, uno más de nuestra naturaleza; y a todo ello se estaban adaptando. Por eso, aunque tenían las lanzas y los propulsores, aquel día abatieron al canguro con la ayuda de un viejo fusil de la guerra del Pacífico. Le hirieron en una de las extremidades traseras, y después los niños cogieron una gruesa rama para intentar rematarlo. El marsupial, en vez de ser transportado a hombros, como recuerdo del difuminado pasado aborigen, acabó en la parte trasera del viejo Toyota conducido por Bangana. No querían acarrear con él hasta el punto escogido para cocinarlo; la playa de un río cercano.

El cocinado es lento. Queman al fuego el pelo del animal y separan la cola. Después, sobre un manto de hojas, extraen las vísceras mientras las mujeres excavan una cubeta en el suelo. Allí han hecho otra hoguera donde colocan grandes piedras para que se calienten; cuando solo quedan las brasas, sitúan el cuerpo abierto del canguro encima del lecho de guijarros. Seguidamente, lo cubren con láminas de corteza, parece cartón; las arrancan de los eucaliptos circundantes. A continuación, sellan el horno disponiendo una gruesa capa de arena. Es el momento para tomar un baño en el río, charlar y esperar al banquete para todos los comensales. La cola es de las partes que consideran más exquisitas. Y esto es algo que no solo pudimos documentar en el *bush,* sino también en el supermercado.

Los bosques que rodean Gapuwiyak son una fuente extraordinaria de alimento; Darwin, la mayor ciudad del norte de Australia está a más de ochocientos kilómetros por carretera. Cuando visitamos el

Parque Nacional Kakadu para documentar las pinturas rupestres prehistóricas de Ubirr y Nourlangie, circulamos varios cientos de kilómetros por un territorio virgen plagado de canguros, ualabís, cocodrilos y otros muchos animales. Campan a sus anchas, y los frutos y vegetales están al alcance de la mano, así como la pesca fluvial, y la marítima si se desplazan hasta la costa. Pero ya quedan pocos aborígenes que se nutran directamente de lo que les da la naturaleza; son los descendientes de aquellos cazadores-recolectores que, desde los tiempos prehistóricos y del *Dreamtime*, pintaron canguros, grandes peces barramundi, mimis y lagartos en los milenarios santuarios rupestres de Kakadu. Y los pocos que quedan van desapareciendo. Fui invitado al funeral de un viejo pescador de tortugas marinas. La tradición acababa ahí, como la cestería ante la imparable invasión de las bolsas de plástico.

Los habitantes de Gapuwiyak, en cuanto llegaban los subsidios, corrían hacia el supermercado. Les faltaba tiempo para retirar su asignación social y gastarla en lo que viene de fuera. ¿Y qué había en aquel establecimiento? Pues, entre otras cosas, nada menos que cola de canguro congelada y envasada. ¿Para qué moverse si la carne y las frutas estaban allí? Y no solo frescos o congelados, sino enlatados, edulcorados, curados y demás. Sin ir más lejos, el producto estrella eran las raciones de pollo estilo Kentucky y las patatas fritas: el *fast food*. Si a esto le añadimos el éxito de los helados, más las bebidas refrescantes y todo tipo de dulces procedentes de la pastelería industrial, podemos imaginar que el sedentarismo, junto con la ingestión descontrolada de grasas saturadas y azúcares, ha derivado en obesidad y niveles peligrosos de colesterol y glucosa en sangre, y sus consecuencias.

El mismo problema lo vemos, muchas veces, en la jungla de asfalto, y su origen quizá podamos situarlo al poco tiempo de la llegada del Neolítico. De repente, para ciertos individuos, aumentó la ingesta de grasas de origen animal. Lejos de lo que podría parecer, un grupo cazador-recolector —salvo los situados en regiones muy frías— consume solo entre el 15 y el 20 % de dieta cárnica, incluso menos. Además, debe añadirse que, con la sedentarización de los asentamientos, disminuyeron los desplazamientos diarios. Nuestra anatomía estaba diseñada para realizar actividades intensas por lo que la obesidad empezó a ser un signo incluso de distinción. En África, por ejemplo, he convivido con pueblos donde el individuo que muestra una barriga más prominente significa que es un personaje dotado de prestigio, que ostenta un puesto de jefe. Ya no acompaña al ganado ni trabaja en el campo —otros le sustituyen—, pero tampoco camina largas distancias, y su vientre va en aumento de forma acorde a su prestigio.

Está claro que, con el advenimiento de la producción, se inició un cambio drástico en la dieta y el cuerpo humano no estaba diseñado para ello; en algunos casos, la selección natural actuó —como es el de la mutación del gen lactasa— pero, en tan poco tiempo, no pudo tapar todas las vías de agua que se iban abriendo. Evidentemente, la evolución cultural (educación alimentaria, medicina, deporte, etc.) ha hecho que, poco a poco y en función de las posibilidades económicas y sociales de cada uno, nos hayamos adaptado a los nuevos hábitos alimentarios. Por el contrario, en el caso de los aborígenes de Gapuwiyak, todo esto desembarcó de improviso, y no han tenido tiempo de adaptarse ni biológica ni culturalmente, por lo que los efectos colaterales están claros: enfermedades y una menor esperanza de vida. ¿Los ancianos conseguirán convencerles de regresar a la vida en el *bush*? Allí tienen el sustento sin necesidad del economato; pero, claro, cómo influir en las generaciones más jóvenes cuando no les ha llegado la revolución neolítica, ni tan siquiera la Revolución Industrial, sino directamente la globalización.

Y con la globalización ha ocurrido que todavía nos hemos alejado mucho más del contacto directo con otros seres vivos que no sean el *Homo sapiens*. De la misma manera que muchos niños y niñas occidentales no saben de dónde vienen las patatas, los huevos o la leche —también estamos acostumbrados a meternos en el supermercado donde todo está envasado—, imaginemos la gran brecha que desde el Neolítico se ha ido abriendo entre nuestro mundo humano y el de la naturaleza en su conjunto.

Capítulo 11

El desafío humano a la ley natural... y sus consecuencias

Pérdida de contacto

Los hadzabe ponían a punto sus arcos y flechas. Las mujeres ya habían salido a recolectar, pero el grupo esperaba conseguir algo de carne. La falta de buena caza en la zona de Eyasi hace que empecemos a detectar graves problemas de desnutrición. Tras unas cuatro horas de marcha, de repente se detuvieron en una zona muy abierta. La visibilidad era total y no observé que hubiera nada moviéndose al alcance; tampoco ellos adoptaron la pose de caza. Cuando agachan sus cuerpos, colocan el tipo de flecha apropiada en el arco y ponen el silenciador en los pies, sabes que se aproximan a la presa. Además, no parecía que fueran a hacer fuego para prender y fumar la pipa; un alto en el camino. Allí no había sombra alguna. Miraban al suelo. Al acercarme no solo vi, sino que sobre todo olí, un gato salvaje muerto. La masa de pelo y carne era casi irreconocible, pero el olor a carroña resultaba inconfundible.

Hasta aquel momento, en las asignaturas sobre prehistoria y evolución humana, había explicado que era muy improbable que nuestros ancestros se hubieran alimentado de carroña en descomposición; la principal razón se basa en que, a diferencia de la hiena y el buitre, los humanos no estamos preparados para la ingesta de carroña. Podríamos ir directamente al hospital, o algo mucho peor. En algunos manuales de supervivencia incluso se indica que jamás deben comerse animales que, a su vez, se alimenten de carne en estado de putrefacción: insectos necrófagos y aves carroñeras.

Una excepción serían las presas recién abatidas, y que los homininos prehistóricos habrían robado tras espantar y provocar la huida de sus «legítimos propietarios»: los leones y otros carnívoros. O grandes animales que hubieran perecido por causas naturales. Pero, en una sabana, a las pocas horas del deceso de un ser vivo, y más si han estado antes por ahí grandes felinos, hienas, chacales, buitres e insectos, esa carne empieza a descomponerse e impregna el aire de un hedor nauseabundo. Al cabo de unos pocos días las emanaciones son insoportables; una invisible barrera infranqueable salvo para dos nuevas excepciones: el incomprendido arqueólogo que, rodeado de moscas, se acerca a tomar datos tafonómicos, y los carroñeros más desesperados. Pues bien, ese día descubrí que uno de los carroñeros desesperados sí podía ser el *Homo sapiens*.

Los hadzabe levantaron el pellejo maloliente con una mano y le dieron la vuelta. Quedaba poca carne. Sin pensarlo, armaron una pequeña fogata, y de la misma manera que cuando cocinan cualquiera de los animales que cazan —la carne pasa poco tiempo en el fuego, casi vuelta y vuelta—, dispusieron lo que quedaba del gato salvaje dentro del hogar. Acto seguido, devoraron la carroña.

En alguna que otra lección de supervivencia había leído que, en casos extremos, de encontrarnos con un animal sin vida, si pensábamos que llevaba muerto pocas horas, podía aprovecharse siempre que hirviéramos la carne durante una hora como mínimo. Jamás lo he probado —de ahí lo de mi lata de atún siempre en la mochila—, y, por lo tanto, no puedo comentar el resultado de la receta. En cambio, sí he tenido que hervir carroña (partes anatómicas de animales muertos) para recuperar sus huesos con fines científicos; la primera vez lo hice con una gran olla que cogí prestada de casa. Ya solo con tocar la textura, y comprobar que los malolientes efluvios lo habían impregnado todo, decidí, de forma poco objetiva y académica, que era imposible comer carroña. También hice desaparecer el recipiente; solo esperaba que mis padres no lo encontraran a faltar para el caldo de Navidad.

¿Los hadzabe podían comer carroña y nosotros no? ¿El episodio del gato salvaje había sido una excepción? No podemos llegar a generalizaciones a partir de una única observación, por lo que empecé a indagar. Comenté lo sucedido a una buena amiga que, desde hace más de veinte años, y procedente de su Argentina natal, vive a las orillas del lago Eyasi; un palmeral que, como todo oasis, crece gracias a las fuentes de agua dulce: Kisima Ngeda. Ella es Nani Dowling, defensora de la fauna local y de la cultura hadzabe. África engancha al forastero, le pasó también a otra gran amiga y emprendedora: Nuria Panizo. Ambas valientes, y sus respectivas familias, siempre me han acogido en la tierra de nuestros orígenes.

Nani, y su marido Chris, tienen unas pocas vacas en casa, y comentaron que, cuando se les moría alguna res, tanto a ellos como a los ganaderos locales, el animal era carroñeado por los hadzabe; a pesar de que llevara varios días expuesto en medio de la sabana. Empezaron a preocuparse por el hecho de que contrajeran enfermedades —una vaca muerta puede haber perecido por diferentes causas— y decidieron enterrar los cadáveres a gran profundidad. Descubrieron, con sorpresa, que los hadzabe conseguían detectarlos, los desenterraban y seguían comiéndoselos. Jamás han observado que enfermen, ni padezcan molestia alguna tras la ingesta de carne en avanzado estado de putrefacción. Yo tampoco.

¿Es posible que la flora intestinal de los hadzabe esté preparada para asimilar carroña? ¿Sería una capacidad que desarrollaron nuestros ancestros cazadores-recolectores? Existe una gran controversia, entre arqueólogos y paleontólogos, sobre si los primeros representantes del género *Homo* —en las sabanas de África— fueron cazadores o carroñeros. El debate siempre ha estado bastante encendido. Lo más lógico sería pensar que todos los homininos fósiles cazaron; primos vivos muy cercanos, como los bonobos y chimpancés, capturan y se alimentan de otros animales. Pero, a la vez, como buenos oportunistas que fuimos, no sería extraño que, al dar con un animal muerto, lo aprovechasen; más si era de dimensiones tan grandes como las de una vaca o un elefante.

Nani me explicó que, muchos años atrás, el padre de Chris ya visitaba la región de Eyasi durante sus escapadas desde las faldas del Ngorongoro. El alemán fue otro de los que quedó prendado de la región y decidió implantar allí el hogar familiar. En una de sus salidas, le llegó el intenso olor a carroña. Avanzó y vio el cadáver de un elefante. Los hadzabe que le acompañaban dijeron que había muerto de forma natural hacía unos días; eran tiempos en los que el elefante, la jirafa y el búfalo abundaban entre los matorrales de Eyasi. Hasta aquí nada habría resultado extraño, de no ser porque algo se movía alrededor de la carcasa. El paquidermo tenía toda la panza abierta en canal y una pequeña familia hadzabe, como si fuera uno de sus iglús temporales, se había instalado en el interior. Yendo de caza dieron con el animal caído, y decidieron mudarse hasta el elefante; disponían de toda la carne del mundo... cientos y cientos de kilos. A la espera de que llegasen otros hadzabe, con los que compartir, se habían atrincherado dentro del paquidermo. De día y de noche aparecían bandas de hienas que querían su parte del botín, y ellos se dedicaban a espantarlas tirando palos y piedras. He visto algunos hadzabe viviendo en cuevas, abrigos rocosos, livianas chozas, dentro de baobabs e incluso al raso, pero en el interior de una carroña de elefante, era la primera vez que lo escuchaba.

Es una cuestión de adaptación al medio. Cuando los hadzabe me ofrecen carne de los animales que cazan, declino amablemente la invitación y les doy las gracias; la transcripción sería más o menos así: *nubee'a*. Puede parecer una falta de respeto, pero dada mi altura y con lo que ellos necesitan el alimento, estoy seguro de que deben respirar aliviados ante la negativa. Soy consciente de que semejante confesión debe quitarme puntos a ojos de aguerridos aventureros, pero lo cierto es que sería una temeridad, por mi parte, ingerir carne de caza en una sabana africana o cualquier otro paraje exótico. Las patologías derivadas de la ingestión de vísceras y carne de ciertos animales salvajes son tan diversas como peligrosas. Para un hadzabe, aparentemente, no supone problema alguno.

En el caso de Europa occidental, la caza del jabalí, la liebre, el conejo, los venados, perdices, etc., se mantuvo incluso después del Neolítico. Los ganaderos y agricultores continuaron cazando estas especies más cercanas a su hábitat sedentario, y la evolución siguió favoreciendo el que pudiésemos procesar su carne, así como la vegetación silvestre circundante. Pero, insisto, al mismo tiempo nos fuimos alejando de otros seres vivos, y no solo por nuestro tipo de vida más fijada en la huerta, el rebaño o la fábrica, sino porque la acción humana provocó la extinción de muchas especies y la alteración del hábitat. Mientras los inuit, baka, mbuti, huaorani, hadzabe, !kung, g/wi, entre otros pueblos cazadores-recolectores actuales, mantuvieron la proximidad, nosotros nos distanciamos y evolucionamos hacia otros derroteros.

He visto a los hadzabe consumir agua del pequeño charco hallado en el lecho de un río seco. Es entre barro y líquido, del color de la tierra, con solo un par de centímetros de profundidad y repleto de excrementos de otros animales. Por allí han pasado desde las criaturas del *bush* hasta el ganado datoga. Se agachan, amorran sus labios a la superficie, y sorben el agua como si fuera el mayor de los tesoros. Y lo es. Están adaptados... no enferman. Nosotros, para beber del río Peninj durante las campañas de excavación, hemos tenido que hervir el agua y potabilizarla con clorina; y aun deberíamos haberla filtrado... las amebas pueden resistir. Muchos *Homo sapiens* de ciudad, en África, a pesar de beber agua embotellada, y solo con el cambio en la composición, manifiestan diarreas del viajero. En cambio, un vaso de leche, como hemos explicado en un capítulo anterior, podría provocar problemas estomacales a un hadzabe.

Lo interesante es documentar que, durante miles y millones de años, mientras nuestros ancestros subsistieron en estrecho contacto con otros animales salvajes, la selección natural actuó para que pudiéramos procesar tipos de alimentos que hoy en día nos harían enfermar o, directamente, perecer. Y es que, desde el Neolítico, nos hemos ido separando y alejando del medio natural; salvo una excepción: las burbujas «asépticas» de nuestra jungla de asfalto.

Contacto

Las montañas Mahale, en el lago Tanganica, son el hábitat de varios grupos de chimpancés. Junto con dos extraordinarios naturalistas, Hamza y Butati, he podido estudiarlos en varias ocasiones. No siempre es fácil dar con estos grandes simios, y tras cruzar el bosque más denso, si hay suerte, la avanzadilla de rastreadores indica, por radio, la dirección que debemos tomar. A veces, no hace falta dicho protocolo pues, aun sin verlos, ya escuchas las vocalizaciones. Pero, considerada la escarpada orografía de la zona, una cosa es la velocidad a la que viaja el sonido y otra, muy diferente, es llegar hasta donde lo ha hecho el ágil y rápido chimpancé. Por lo tanto, la información que llega a través del *walkie* es crucial. Hemos de saber cuándo se encuentran cerca; está prohibido topar con ellos sin que antes no hayamos preparado las medidas de control preventivo. Es decir, colocarnos las mascarillas quirúrgicas que llevamos en la mochila. De lo contrario, podríamos transmitirles peligrosas enfermedades.

En el pasado estuvimos en estrecha relación y convivencia con otros primates, pero desde la revolución neolítica, a paso veloz, acabamos imprimiendo distancia. Lo mismo que con otros animales. Tanto que tuvimos que redescubrirlos gracias a los naturalistas que se lanzaron a la exploración del planeta. Como en la novela *Contacto*, de Carl Sagan, se trataba de tomar contacto con lo desconocido; en este caso, con la vida terrestre. La separación y el desconocimiento eran tales que, por ejemplo, las primeras descripciones sobre el gorila, aportadas en el siglo XIX por el aventurero Paul du Chaillu, influyeron después para acrecentar el mito de *King Kong*. Se le describía como un animal fiero, capaz de partir a una persona en dos y lanzar chispas por los ojos. Ante semejante panorama, los observadores pioneros que quisieron estudiarlos en libertad se proveyeron de jaulas de acero; encerrados a buen recaudo, entre barrotes, aguardaban a que llegasen las fieras. Por supuesto que fue un fracaso. Tuvimos que esperar a científicos como Dian Fossey, George Schaller y Jordi Sabater Pi para tener datos reales acerca del comportamiento del gorila. Y pronto proliferaron fotografías y filmaciones de la misma Fossey, o de Jane Goodall y Biruté Galdikas, estableciendo contacto físico entre humanos, gorilas, chimpancés y orangutanes.

Estas imágenes fueron esenciales para promover la conservación de la naturaleza. Los grandes simios y otros animales, debido a la acción humana, se hallaban en peligro de extinción; y lo continúan estando en nuestros días. De ahí la importancia de promover proyectos conservacionistas que, en algunos casos, han demostrado ser esperanzadores. En paralelo, pronto documentamos que el contacto cercano, aunque solo fuera el de los científicos, podía ser perjudicial. Éramos portadores de enfermedades para las que otros animales no estaban preparados, ni a nivel genético ni cultural. Y hago hincapié en el tema cultural, pues los chimpancés, por ejemplo, cuentan con una extensa farmacopea que les brinda el bosque. Son capaces de vencer grandes distancias para ir en busca de plantas que les alivien de una dolencia gastrointestinal o respiratoria determinada. Pero no disponen de las medicinas, vacunas ni tratamientos médicos que el humano ha desarrollado para combatir las mismas enfermedades que ahora les transmitimos.

La separación ha sido larga, y del aislamiento hemos pasado al contacto entre mundos diferentes. O mejor sería hablar de choque de mundos. El contacto ha sido muy brusco y las consecuencias no se han hecho esperar.

La vida se abre camino

Los humanos teníamos una fecha de caducidad más o menos programada por la naturaleza; nuestra dentición, desgaste óseo y equilibrio funcional estaban diseñados para que los cazadores-recolectores del pasado no solieran sobrepasar los cuarenta o cincuenta años de edad; aunque muchos perecían antes a causa de accidentes de caza, picaduras, traumatismos varios, infecciones bucales, etc. La presión selectiva eliminaba a los individuos menos aptos, y aunque sabemos de homininos —como en el caso de los neandertales— que fueron cuidados por otros miembros del grupo, la longevidad era más corta.

El capitán Taylor, en *El planeta de los simios*, muestra al inmovilista y antievolucionista profesor Zaius (un orangután) las pruebas de una civilización inteligente anterior a la de los simios. Así, en los estratos más antiguos de un yacimiento arqueológico de la Zona Prohibida, y en presencia de los chimpancés Zira y Cornelius, identifica una antigua válvula artificial para el corazón, unas gafas y una prótesis dental... después ya viene la evidencia definitiva: una muñeca que habla. Humanos que precedieron a la sociedad simia y que, ante la enfermedad, se valieron de artilugios mecánicos.

Es cierto. Si abandonamos la ciencia ficción para regresar a la ciencia real, cabe señalar que el humano ha conseguido ampliar su límite de garantía contratado con la biología. ¿Cómo? Pues alargando la esperanza de vida del *Homo sapiens* urbanita mediante la aplicación de soluciones científico-técnicas. Unas medidas que, independientemente del poder adquisitivo de cada uno, y de su procedencia geográfica, deberían estar a disposición de todo el mundo que así lo desee; nuestro código ético siempre ha de abogar por la democratización de cualquier nuevo avance médico.

Antes, en la prehistoria, durante la Edad Media o Moderna, una grave dolencia congénita hubiera supuesto la muerte, o una vida mucho más corta. Hoy, junto con otras muchas patologías, podemos tratarlas y alcanzar una próspera vejez. Pero, claro, eso hace que también seamos más. Necesitamos recursos, muchos, y en paralelo a la contaminación o al cambio climático global, cada vez ocupamos más territorio. Tanto, que hemos acabado invadiendo el espacio del que nos habíamos distanciado: el de la fauna y la flora salvajes. Estamos pisando, de nuevo, sus talones.

En el episodio de nuestra aventura por el Parque Nacional de Nairobi habíamos oteado fauna africana con el *skyline* de Nairobi como fondo escénico, pero es una anécdota en comparación a la infinidad de imágenes que proliferaron por los medios de comunicación y redes sociales en 2020. Animales de todo tipo, como en una buena película sobre invasiones alienígenas, se habían materializado en ciudades y pueblos de todo el planeta. Estábamos siendo visitados por unos vecinos a los que considerábamos invisibles. Precisamente, uno de los objetivos del proyecto Animales Invisibles, que codirijo junto al escritor y viajero Gabi Martínez, es recordar la existencia de seres vivos que, por su delicado estado de conservación, casi no podemos avistar en sus lugares de origen. Con Gabi, llevábamos tiempo metidos por todo tipo de selvas, montañas, sabanas y océanos en su busca. Pues bien, coincidiendo con el confinamiento sanitario de la COVID-19, algunas de estas escurridizas criaturas empezaron a hacerse visibles de nuevo, pero dentro de nuestros hábitats. Al inicio del libro ya hemos hablado de la historia del puma paseando por las calles de Santiago de Chile, pero su caso es ampliable a otros compañeros suyos en el árbol de la vida.

En paralelo a la irrupción del SARS-CoV-2, mientras la humanidad quedó relegada al confinamiento, despertó la rebelión de los animales: una especie de nueva libertad para muchas especies. «La vida se abre camino» podría haber sido el lema revolucionario y reivindicativo para osos, delfines, leones marinos, corzos, lobos, jabalís, pájaros, etc. Pero, no nos engañemos, simplemente dejamos de gritar, de hacer ruido con coches, barcos y aviones, y sobre todo les dejamos un poco de espacio con el que ampliar su radio de acción.

Crecí con *Cosmos* de Carl Sagan, *El mundo submarino* del comandante Jacques-Yves Cousteau, las series para la BBC de *sir* David Attenborough y *El hombre y la Tierra* de Félix Rodríguez de la Fuente; uno de los colaboradores de este último, hoy es uno de mis naturalistas de referencia: Miguel Delibes de Castro. Durante el confinamiento pudimos compartir experiencias, y me confesó sentirse sorprendido por tantas informaciones acerca de la presencia de estos animales presuntamente liberados por la COVID-19. De forma previa a la pandemia, era habitual verlos en algunos pueblos y ciudades... el único problema es que vamos tan acelerados que ni tan siquiera les habíamos prestado atención. En la «era pre-COVID-19», úrsidos, alces, mofetas o mapaches ya formaban parte del paisaje urbano de muchas ciudades y pueblos de Norteamérica, y en otras junglas de asfalto las incursiones de fauna salvaje estaban a la orden del día. Lo único cierto es que los humanos, desde el Neolítico, hemos usurpado y alterado —incluso destruido en su totalidad— el nicho ecológico de múltiples especies. Privadas de espacio y alimento, estas rapiñan hoy entre nuestra basura, zonas ajardinadas y animales domésticos.

En Uganda, los gorilas de montaña de Bwindi abandonan la seguridad del bosque para saquear hortalizas y frutas de las fincas indígenas; el leopardo se come a las gallinas y perros en las ciudades de Tanzania, y el elefante arrasa cosechas enteras en Kenia. Somos muchos y hemos profanado, sin permiso, los dominios de los reinos animal y vegetal. Era bonito pensar que sus súbditos se sublevaban y aprovechaban el confinamiento humano para extender la libertad natural. Pero, a medida que las curvas de la pandemia fueron descendiendo, y se revocaron los estados de alarma, recuperamos buena parte de nuestra actividad cotidiana: la nueva normalidad, le llaman. El ruido y el ajetreo reconquistaron esa tierra de nadie en la que otros seres, confiados, se habían hecho más visibles; quizá porque, confinados, mirando por ventanas y balcones, también tuvimos más tiempo de observarlos y fijarnos, otra vez, en ellos.

Pero, casi al unísono, empezamos a culpabilizar a algunos de estos mismos seres vivos. Se dijo que el origen de la pandemia podría haber sido causada por murciélagos portadores del SARS-CoV-2, y que eran el vector de transmisión del virus hacia otros mamíferos salvajes, como el pangolín, que son consumidos por el humano. Este no es un libro específico sobre la pandemia de la COVID-19, y menos sobre el debate acerca de su primera génesis y extensión. Las investigaciones todavía siguen su curso y, en caliente, es fácil que muchos hayan caído en la especulación. Es del todo irresponsable demonizar a unas especies animales concretas, pues esto puede convertirlas en objetivo de persecuciones y prejuicios sin sentido. Sí es un libro en el que pretendemos explicar que, ya sea en el caso de esta pandemia u otras pandemias y enfermedades, buena parte de la culpa es nuestra: el contacto y trato irresponsable para con la naturaleza.

Nos extendemos, nos expandimos... cualquier trozo de costa, montaña o valle virgen debe ser edificado y ocupado. Por supuesto que existen las necesidades básicas de muchos ciudadanos y ciudadanas del planeta —tener una vivienda y un puesto de trabajo dignos—, pero también los lujos. No osaré decir a la humanidad cómo tiene que vivir, más cuando me considero cómplice de todo este ciclo, pero, desde la ciencia, sí podemos afirmar que se trata de una expansión a nivel global y que esto siempre comporta consecuencias. En América, el pastor de llamas presiona al puma, pues quiere subsistir mejor, y, en África, el agricultor empuja al gorila, pues quiere cultivar. En Ecuador, las prospecciones petroleras entran en contacto directo con los animales salvajes de la Amazonia, y las empresas madereras en Borneo deforestan el hábitat de los orangutanes. Sin olvidar que también explotamos los mares y océanos... todo. Hasta el punto de que alguna aldea de Alaska ya acoge a los primeros refugiados climáticos: los osos polares.

¿Dónde está la solución? Todos, sin excepción, de una manera u otra, hemos sido partícipes. Nos hemos aprovechado, y seguimos haciéndolo, de los recursos naturales, pero sería deseable explotarlos de una forma mejor planificada y sostenible. No olvidemos que la evolución sigue actuando, y si tensamos al límite el pulso con las leyes de la naturaleza, seguiremos sufriendo las consecuencias. A todos los problemas medioambientales y al cambio climático global ya existentes, se añade una realidad más: la aparición de otros seres que hasta ahora habían sido invisibles. Entidades microscópicas de gran virulencia.

El fruto prohibido

A modo de metáfora, la revancha de la naturaleza para con el ser humano no es un tiburón gigante o un *Tyrannosaurus rex,* como los de Spielberg, sino que se ha materializado en la pandemia de la COVID-19, y en otras que pueden arribar. Por supuesto que la naturaleza no es un ente consciente; es incapaz de vengarse de nadie. Ahora bien, ya hemos dicho que los humanos creíamos ser diosas y dioses, una especie superior o escogida, y no es así. Somos una especie más en el seno de la biodiversidad; unos especímenes sometidos a las reglas y presiones de la selección natural. No lo podemos todo, y cada uno tomó su camino en esto de la evolución.

La prueba está otra vez en Galápagos. Allí crece un árbol llamado manzanillo. Sus frutos tienen un aspecto suculento e invitan, como en el Edén, a pecar. De hecho, suelen crecer siempre en lugares idílicos; cerca de playas estupendas y paisajes marítimos de ensueño. Genial tumbarse bajo su sombra cuando el sol ecuatorial del mediodía aprieta; pero es mejor no hacerlo, todo el árbol es tóxico. Los galapagueños me han explicado que, de niños, después de dormirse bajo sus ramas, habían despertado con erupciones cutáneas por toda la cara y el cuerpo; algunos sin poder respirar. Por eso, madres y padres, enseñan a la prole a mantenerse a distancia, evitar el contacto a toda costa y, sobre todo, jamás comer los pequeños frutos. ¿Por qué? Las tortugas gigantes los comen y no les pasa nada.

Para las tortugas terrestres de Galápagos el fruto del manzanillo es un manjar, pero para el ser humano, significaría la muerte. Existen varias historias, la más explicada corresponde a la de un turista que se perdió en un bosque del interior; era bueno en supervivencia y, sin agua ni alimentos, consiguió alcanzar la costa. Allí debió de sentirse seguro y, hambriento, comió frutos del manzanillo. Encontraron su cadáver junto al árbol frutal. Lo mismo se explica de los primeros españoles que arribaron a otros puntos de América donde crece el árbol. Se intoxicaron con sus frutos.

Aquellas criaturas, de piel blanca, cabalgaban a lomos de extraños animales, iban cubiertos de relucientes armaduras y poseían armas más dañinas que las de los pueblos prehispánicos; por ello, al principio, algunos fueron vistos como dioses. La paradoja es que un simple fruto prohibido, de aspecto atractivo, podía acabar con ellos. Habían llegado a aquellas nuevas tierras demasiado rápido; sin tiempo para adaptarse a nivel cultural —el diálogo con las sociedades locales les habría permitido saber que el manzanillo era venenoso— y menos a nivel genético. La evolución de la tortuga y del ser humano navegaron por rumbos diferentes a partir de un mismo puerto de salida. Y la evolución jamás se detiene.

Hemos dicho que el *Homo sapiens* siguió evolucionando tras el Neolítico. Nos adaptamos al consumo de plantas y animales que eran de producción propia y nos distanciamos de otros animales y plantas que, antaño, habían formado parte de nuestra dieta predadora. Por lo tanto, al profanar el espacio vital de la fauna salvaje, regresamos a la interacción con estas criaturas, e incluso a su captura por necesidad, superstición o modas (el consumo de especies protegidas como bien de prestigio). No solo están los mercados locales de venta de carne de bosque —que proliferan en ciertos lugares de África, América y Asia—, sino el tráfico ilegal por todo el mundo.

Al mismo tiempo, la alteración y destrucción del hábitat de muchas de estas especies las obligó a desplazarse hacia nichos ecológicos diferentes; y allí han entrado en contacto no solo con humanos, sino con otros animales y plantas de los que, hasta el momento, se habían mantenido aisladas durante millones o miles de años. Y esto despertó a «bestias» invisibles que, afincadas en sus huéspedes, eran absolutamente inofensivas: es el caso del SARS-CoV-2, que se abrió camino por las calles junto a osos y jabalís.

Pandemias

En junio de 2019, unos pocos meses antes de las primeras noticias referentes a la pandemia de la COVID-19 en China, me encontraba de expedición por Tanzania. Precisamente, había tenido que utilizar las mascarillas quirúrgicas protectoras durante los varios días que estuve observando chimpancés en Mahale. El campamento Greystoke se encuentra en una playa de ensueño bañada por el lago Tanganica pero, aunque prácticamente incomunicados, las noticias del lado opuesto no eran nada halagüeñas.

El Tanganica ocupa una cuenca lacustre larguísima, más de 600 km, pero de menor anchura; por lo tanto, solo nos separaban 72 km de la orilla ocupada, al oeste, por la República Democrática del Congo. Las cristalinas aguas nos protegían de un nuevo brote de ébola; antes de partir hacia África, me había informado del mismo una gran amiga y profesional, la doctora María Jesús Pinazo. Experta en medicina tropical, ejerce en el Servicio de Medicina Internacional del Hospital Clínic, además de ser investigadora del Instituto de Salud Global de Barcelona.

Partí desde Europa sin que los miles de viajeros con los que me crucé en diferentes aeropuertos internacionales (Barcelona, Ámsterdam y Kilimanjaro) fueran conscientes de lo que estaba acaeciendo en el Congo. Bien, en realidad, tampoco solemos percatarnos de nada de lo que ocurre en el planeta; salvo dos excepciones: cuando ensalzamos una noticia en los medios y, sobre todo, cuando nos afecta directamente.

El ébola es una enfermedad provocada por un filovirus. Se identificó por primera vez en los años setenta; por lo tanto, era una de esas entidades biológicas microscópicas, como los coronavirus, que comparten la naturaleza con nosotros. Muchos se mantienen ocultos, y a buen recaudo hasta que, por remover donde no toca, topamos de bruces con ellos. El origen del ébola también es motivo de constantes estudios, pero fue detectado en murciélagos frugívoros africanos; el huésped que habría acabado infectando a otros animales del bosque, desde primates, pasando por antílopes, puercoespines... Estos animales, una vez consumidos, o en contacto con los humanos, explicarían el epicentro de los diferentes brotes de ébola en el continente africano. La propia primatóloga Jane Goodall nos comentaba que otro virus, el VIH, podría haber surgido de un mercado de animales silvestres en África donde se vendía carne de chimpancé. Entre la gente que compraba esta carne, había las afincadas en nuevos poblados sedentarios totalmente ajenos a la vida tradicional en el bosque. Las modernas explotaciones mineras y madereras habían acabado con la virginidad y aislamiento de aquellos paraísos naturales. Enormes buldóceres abrieron vías de comunicación terrestre en la infranqueable espesura para el traslado de mercancías, pero por ellas también empezaron a moverse miles de personas locales y foráneas que, una vez infectadas por el virus, se convirtieron en potenciales transmisoras del VIH.

Mientras observaba la sabia mirada de uno de los chimpancés más veteranos de las montañas Mahale, Darwin, pensé en el naturalista que inspiró su nombre. La selección natural es maravillosa, aunque, según el prisma desde el que se mire, pueda parecer cruel. Los virus del SARS-CoV-2, MERS-CoV, Marburg, Hendra, Nipah y ébola están hospedados en animales como el murciélago sin que le causen ningún mal. Por lo tanto, es injusto señalarlos como dañinos para el medio, sino para nosotros. Y, en el caso de que, a través de los vectores de contagio, los virus hayan pasado a otros animales que son portadores intermediarios, continuamos siendo nosotros los que nos acercamos a ellos, y los cazamos para consumirlos.

Es evidente que la expansión humana, el choque con otros mundos que desconocíamos o de los que llevábamos miles de años distanciados, puede comportar nuevas realidades. Desde Occidente iniciamos el camino hasta otros continentes de ultramar, pero la globalización ha hecho que el flujo humano ya no tenga un único sentido —el explorador con salacot que iba en busca de las fuentes del Nilo—, sino que hoy es bidireccional... multidireccional. Y, dato crucial: muy rápido.

Finalizado el trabajo de campo con los chimpancés, la embarcación me llevó por aguas del Tanganica hasta el pequeño aeródromo; allí, una avioneta voló con destino al Aeropuerto Internacional de Kigoma para repostar. Se trata de unas instalaciones pequeñas, pero la pista permite el aterrizaje de grandes aviones procedentes de Tanzania y países vecinos, o incluso intercontinentales. Kigoma también se encuentra a orillas del lago y, mientras esperábamos a que viniera el técnico responsable del abastecimiento —creo que se habían olvidado de nuestro diminuto pájaro de hierro—, dispuse de más de una hora para pasear por el exterior; iría en busca de lagartos y pájaros de carne y hueso.

Al salir por la sala de espera, ahora vacía, observé los anuncios y carteles; por medio de dibujos advertían al pasajero de que si presentaba fiebre, vómitos, diarrea o hemorragias debía abstenerse de viajar y acudir lo antes posible a un dispensario u hospital. No era la primera vez, por desgracia, que veía paneles de información sobre el ébola, y olvidé a los agamas y estorninos para reflexionar, de nuevo, sobre lo que debía estar ocurriendo a poco más de setenta kilómetros en línea recta. Los días en el bosque rodeado de chimpancés, monos de cara negra, babuinos y una flora prístina me habían aislado del horror. Yo era uno más de los que vivía de espaldas al problema de la pandemia del ébola, y al llegar a Barcelona, seguro que se seguiría sin hablar de ello; no iba con nosotros. Quién hubiera dicho que, en unos pocos meses, seríamos los protagonistas y afectados por una pandemia diferente. Entonces sí que hablamos largo y tendido, y lo seguimos haciendo.

De pie, en aquella estancia cuyo silencio solo rompían las voces que salían de la televisión, imaginé a los pasajeros que debían abarrotar las pequeñas instalaciones del aeropuerto; viajeros prestos para despegar, otros haciendo escala y cruzándose con los que llegaban de vecinas y lejanas tierras en grandes reactores. Pensé en mí; a las pocas horas estaría en una de las ciudades más pobladas de Tanzania, Arusha, y, tras un vuelo intercontinental, en Ámsterdam; un suspiro más y metería las llaves en la puerta de casa. Algo parecido haría el pasaje de Kigoma, y los que les habían precedido y sucederían: distribuirse, rápidamente, en todas direcciones.

Antes, en el pasado, un viaje intercontinental suponía navegar largos meses a bordo de veleros que estaban a merced de los vientos, y no siempre se alcanzaba la tierra prometida. Después, con el vapor, pasamos a semanas. Luego, ejemplo de ello es la publicidad que rodeó el flete del *Titanic*, a días; y con los vuelos la cosa se ha reducido a horas. Un virus, como el ébola, mata tan rápido que, de haber existido y haberse conocido o reconocido en la época de los primeros exploradores, habría diezmado o acabado con una tripulación antes de arribar a destino, y con el agente ya neutralizado. Por otro lado, las posibilidades de que un individuo contactase con el vector de contagio directo o intermedio —entre los pocos viajeros y viajeras— eran muy reducidas; y de haberse acabado produciendo el contagio, habría sido difícil que el enfermo llegase sano y salvo hasta un puerto. Las propias misiones militares, comerciales o científicas por tierra tenían una duración larguísima, y muchos de estos expedicionarios murieron a causa de enfermedades desconocidas; siempre se habla de fiebres a nivel genérico, pero ¿cuál fue la causa? Ahora todo es diferente; un virus puede volar de Europa a América, o de África a Asia, a una velocidad de espanto; aun así, insisto, solo nos acordamos al padecerlo en nuestras carnes.

El ébola adquirió gran proyección mediática cuando, entre 2014 y 2016, se produjo la pandemia conocida más grave. El origen de los primeros casos provocados por este filovirus hemos dicho que fue en la década de 1970, concretamente en el antiguo Zaire (hoy República Democrática del Congo) y el sur de Sudán. Pero fue la mejora en las comunicaciones lo que podría haber llevado la enfermedad hasta África occidental. Allí, desde su epicentro en Guinea, en 2014 se inició una crisis sanitaria de dimensiones dramáticas para la población africana. El transporte motorizado por carreteras y los flujos de población que cruzaban las fronteras pronto extendieron la enfermedad a Liberia y Sierra Leona. Además, metidos en pleno siglo XXI, la extensa red de vuelos intercontinentales hizo que la enfermedad no solo desembarcara y amenazara a otros países africanos, sino que llegó a Europa y Estados Unidos. Fuera de África, los protocolos funcionaron, y los contagios pudieron ser detectados y aislados a tiempo, pero la trascendencia mediática devino enorme. Nos golpeaba a nosotros aquella microscópica entidad biológica. Por aquel entonces, en un *pub* de Dublín, fue tema de conversación con el doctor Pere Armario; unos años después, él, María Jesús y sanitarios de todo el mundo se verían inmersos en la pandemia de la COVID-19.

Independientemente de cómo y dónde se produjo el primer contagio, la circulación rápida de personas hizo que reviviésemos el temor y los efectos de una nueva pandemia global. Occidente sufrió la pandemia de la gripe española de 1918; en dos años mató entre cincuenta y cien millones de personas. Mas olvidamos pronto —no tenemos memoria de elefante— y, en 2019, vivíamos de espaldas al rebrote del ébola en el Congo. Poco después, al inicio del confinamiento obligatorio por la COVID-19, supe del alborozo de los sanitarios y población congoleña: parecía que habían controlado al filovirus, pero la alegría fue efímera. Vivimos en los tiempos de la globalización y pronto les llegó el SARS-CoV-2.

Globalización

Los primeros conquistadores y colonizadores europeos llevaron enfermedades desconocidas hacia otros continentes, lo cual no solo diezmó y casi acabó con muchas poblaciones indígenas, sino que las convirtió en problemas sanitarios endémicos que perduran como tales hasta la actualidad. Pero también regresamos de allí con otras enfermedades exóticas de las que no teníamos ni idea. Por ejemplo, cazadores, militares y comerciantes, aquejados por fiebres recurrentes, portaban la malaria enquistada en su organismo. El mismo Darwin, durante la expedición del *HMS Beagle*, hemos indicado que estuvo en contacto con el vector de contagio del mal de Chagas: el chinche o vinchuca. De vuelta a Inglaterra manifestó la extraña y penosa sintomatología que le acompañó de por vida. La enfermedad no fue definida por la medicina hasta tiempo más tarde; lleva el nombre del médico e investigador brasileño que la descubrió en 1909.

Hoy, el mal de Chagas, sobre todo debido a los flujos migratorios, está mucho más presente fuera de su ubicación original. Es un grave problema para las personas que contrajeron la infección en sus países de procedencia, o por vía materna en el momento del nacimiento, pero, al no existir el agente transmisor, no supone un riesgo de pandemia en Occidente; pese a todo, el elevado número de individuos que la padecen convierte al mal de Chagas en una nueva enfermedad endémica. Otro escenario sería que desembarcase, se adaptase y proliferase la vinchuca en zonas donde no estaba presente. Es difícil, pues vive en las grietas del adobe de las casas no encaladas, pero si de una cosa podemos estar seguros es que los caminos de la evolución son inescrutables. Animales exóticos más extraños han acabado invadiendo nuestro medio ambiente: la selección natural no tiene límites.

Enfermedades como el dengue, el zika y el chikunguña son transmitidas por mosquitos. Empezaron a ser tratadas en Occidente cuando, con la proliferación de los viajes turísticos y de negocios, más la migración laboral procedente de las áreas afectadas, se empezaron a diagnosticar casos positivos en los centros de medicina tropical y salud internacional. Al principio todo fue gestionado como algo importado hasta que, en 2010, en Francia y Croacia se detectó transmisión autóctona del dengue. Algo semejante ocurrió con el zika; tras identificar casos importados en varias partes del mundo donde el mal no era endémico, en Estados Unidos (concretamente en Texas y Florida) se diagnosticaron contagios aislados de transmisión local.

Los expertos de medicina global advierten que los movimientos masivos de población, en ambos sentidos, no solo potencian la llegada de muchas más personas portadoras de agentes infecciosos a las zonas donde estas enfermedades no estaban presentes, sino que el cambio climático global podría acabar favoreciendo la proliferación de los vectores de transmisión: los mosquitos y las chinches. Con el aumento de la temperatura, estos cuentan con condiciones climáticas más parecidas a las de algunas regiones tropicales y húmedas.

Un riesgo que podría ampliarse para el paludismo, también llamada malaria. En este caso no se trata de una enfermedad desconocida por Occidente. En el pasado, Europa o Estados Unidos padecieron brotes terribles de fiebres palúdicas, pero se erradicaron, sobre todo, con la desecación de grandes humedales y pantanales. Habíamos convertido al *Plasmodium* en un ente biológico invisible, aunque podría regresar debido a que no solo contamos con el mosquito vector de transmisión, como ocurre con el dengue, el zika y el chikunguña, sino también con los citados cambios en el clima. La evolución sigue ahí... fuera y dentro.

Lo que está claro es que los considerados «culpables», en realidad eran las víctimas. Habíamos criminalizado al murciélago, al pangolín o incluso a los primates como vectores de transmisión de muchas enfermedades, pero, en efecto, son ellos los perseguidos y diezmados. Muchas especies de murciélagos se han visto desplazadas de sus territorios debido a la deforestación. Los pangolines están en peligro de extinción por haberse convertido en un capricho de consumo, y los primates siguen siendo perseguidos vayan donde vayan. Y, aunque portadores de virus del tipo SARS, podría ser que las entidades microscópicas que llevaban fueran del todo inofensivas hasta que no mutaron una vez ya dentro de nuestro organismo. A falta de evidencias lo suficientemente sólidas que permitan afirmarlo —todavía está en estudio—, podría haber ocurrido que un virus no patógeno, por zoonosis, pasase de animal a humano; una vez ahí, por selección natural, habrían tenido lugar una serie de adaptaciones genómicas que lo convirtieron en patógeno. Tanto si hubiese sido fruto de una evolución gradual o de un equilibrio puntuado (salto brusco), no habría sido detectado hasta que el patógeno empezó a actuar de forma agresiva, y entonces pudo ser identificado con técnicas de análisis clínico.

Retomo la mirada de Darwin, el chimpancé de Mahale, y solo veo el descubrimiento de nuevos mundos invisibles en proceso de evolución de los que debemos ser conscientes. Ante nuestro propio avance, el progreso mal entendido, y cuando nos creíamos vacunados y preparados para afrontar cualquier imprevisto, la naturaleza nos lee la cartilla. Sería un buen momento para regresar a la ciencia y recuperar las enseñanzas de otro Darwin, el humano, y sus secuaces.

Epílogo

La naturaleza proveerá

Somos un producto más de la evolución... una entidad macroscópica desposeída de toda aureola divina y sometida a las leyes de la selección natural. Por lo tanto, llegado el momento de nuestra nueva relación con la naturaleza, ha de hacerse desde un sólido posicionamiento científico y no desde la elucubración o el misticismo.

La búsqueda de remedios y soluciones a los problemas que vive la especie humana pasa por reivindicar el papel de la ciencia y la educación en la sociedad. Un rol que ha de trascender a nuestras más apremiantes necesidades. Fue fácil acordarse de la ciencia cuando comprobamos que eran los sanitarios, hospitales y medicinas quienes salvaban vidas durante la pandemia de la COVID-19. La gran paradoja es que eran aplaudidos por las mismas autoridades que habían paralizado importantes proyectos de investigación, o permitido que científicas y científicos migrasen en busca de un trabajo remunerado.

Incluso aplaudieron los negacionistas del cambio climático y escépticos varios. Tras haber maltratado y ninguneado al conocimiento en general, de repente se encomendaron a los epidemiólogos y virólogos que empezaban la carrera por la deseada vacuna. Pero no nos engañemos; fue todo pasajero. A medida que el canto de los pájaros ha desaparecido de la ciudad y que los delfines huyen de las playas, hemos retomado la paralización de la política científica. Y los que una vez fueron héroes y heroínas han regresado al olvido. Volvemos a las andadas.

Hemos de abandonar los inauditos discursos acerca de nuestro constante camino hacia la salvación —más propios de un charlatán que de dignatarios mundiales— para adoptar y divulgar, de una vez por todas, el discurso científico: entender que no somos una especie elegida capaz de controlar y prever, indefinidamente, todo obstáculo. La extinción forma parte de la evolución; es una de las cláusulas. En última instancia, la naturaleza es la única que decide si seguimos adelante o nos extinguimos. Pero, a la vez, podemos optar por vías que hagan nuestra existencia mucho más sostenible y acorde con la conservación del medio. Sin ir más lejos, el contrato que firmaron humano y selección natural nos dotó de la valiosa libertad para inventar herramientas extracorporales —la tecnología— y filosofar sobre quiénes somos y hacia dónde vamos. Cuanto mejor conozcamos a la naturaleza mejor sabremos cómo hacer correcto uso de nuestra parcela de libertad.

El libre albedrío deviene un superpoder; decidir entre tomar uno u otro camino puede resultar, sin duda, clave para sobrevivir. La mariposa del abedul no es libre de escoger entre ser negra o blanca para mimetizarse sobre la corteza apropiada, y de no darse la mutación oportuna se extinguirá. El SARS-CoV-2 no pudo adueñarse del planeta hasta que invadimos su territorio... podría haber permanecido oculto. En cambio, el humano cultural, ante los cambios azarosos del medio, posee gran margen de decisión. Pero cuidado, parafraseando al tío Ben, el padre adoptivo de Peter Parker, «un gran poder también conlleva una gran responsabilidad»; y es que el camino escogido, a la larga, puede que no sea siempre el más idóneo.

El *Homo sapiens*, enfrentado a la crisis climática global del Holoceno, prefirió dar el salto de la predación a la producción. El cambio voluntario fue clave para la supervivencia de algunas culturas humanas, pero con el transcurso del tiempo, rodeados de grandes ciudades, imperios y «civilizaciones» acabamos creyéndonos diferentes al resto: la única especie capaz de desafiar a la naturaleza. No queríamos ser animales y preferimos erigirnos en diosas y dioses. Aun así, el contrato siguió vigente y la naturaleza se ha personificado no solo con otro cambio climático global —este provocado por nosotros—, sino con pandemias como la de la COVID-19. La naturaleza susurra; le lanzamos el guante y responde con certeras estocadas. Son las consecuencias iniciadas con la revolución neolítica y la Revolución Industrial, y solo si tomamos conciencia, quizá consigamos mejorar la estancia en el planeta, así como la de nuestros vecinos y primos de evolución. La solución, una vez más, está en el conocimiento.

Ciencia, educación y cooperación. La clave para sobrellevar lo que nos queda de existencia como especie radica en profundizar y extraer el meollo de la vida. Con ello no solo retomamos los versos de Walt Whitman, sino la prosa de Darwin y su pandilla de secuaces. Todos los seres vivos evolucionan, sobreviven o se extinguen según los mecanismos de la selección natural. La adaptación al medio es constante y nadie puede saber lo que ocurrirá exactamente en el futuro. De lo que sí podemos estar seguros es que el ser humano no acabará jamás con la vida en el planeta. Sería muy pretencioso, por nuestra parte, creer que tenemos el mando para exterminar una dinámica que tuvo su génesis hace más de 3.600 millones de años: la aparición de la vida basada en el ADN. La vida siempre se abre camino... pero busca caminos diferentes, y no necesita de los humanos. Somos una anécdota en su largo historial. ¿Qué representan 250.000 años de historia del *Homo sapiens* en comparación con 3.600 Ma de historia de la vida?

La selección natural, se trate de una mariposa, el SARS-CoV-2 o un humano, siempre estará ahí... creándonos, vigilándonos y moldeándonos. La buena noticia es que aún hay tiempo de aprovechar nuestra adaptación biológica estrella: la acumulación y transmisión del conocimiento. Aceptar lo que somos y buscar la mejor de las salidas; pues el peligro más inminente no reside en la naturaleza, ni tan siquiera en un virus, sino en nuestras propias decisiones. Debemos impulsar la brecha que abrieron valientemente Hipatia, Galileo, Newton, Buffon, Lamarck, Humboldt, Darwin, Wallace, Curie, Ramón y Cajal, Einstein, Leakey, Sagan, Margalef, Sabater Pi, Margulis... La ciencia, gracias a su legado de inconformistas, puede explicar qué ha ocurrido, qué está ocurriendo e incluso plantear modelos y simulaciones sobre lo que podría llegar a ocurrir en la naturaleza; no solo con el SARS-CoV-2, sino al respecto de otros muchos entes invisibles que todavía desconocemos. También nos ayudará a frenar o mitigar los efectos de la llamada sexta extinción o el cambio climático global. Y satisfacer, por qué no, nuestra curiosidad primate.

Observar, estudiar, divulgar, conservar. Hay que centrar esfuerzos en la investigación; y, lejos de artificiosas distinciones, aquí cabe cualquier campo del saber. La separación entre «letras» y «ciencias» es otro enésimo sinsentido. Todo suma, y el denominador común no es otro que el del conocimiento interdisciplinar. Y, por favor, no lo dejamos para mañana. Cometimos el error de ignorar lo que estaba sucediendo en el medio; pensamos que no iba con nosotros, que no supondría un problema hasta dentro de ¿siglos? Pero si una cosa nos ha enseñado el SARS-CoV-2 es que los cambios pueden manifestarse de improviso. La naturaleza no sigue una agenda programada ni un diseño inteligente. Seamos rebeldes y libres, pero con mesura. Vale la pena intentarlo, aunque sea por puro egoísmo; pero mucho mejor si es por nuestros hijos e hijas, y el futuro de esos animales y plantas que, durante los meses de confinamiento, buscaron la visibilidad.

La selección artificial no ha vencido a la natural. El *Homo sapiens* actual ha conseguido grandes logros e hitos con su tecnología, pero esto no nos convierte en dioses ni máquinas; incluso los frutos de la agricultura y la ganadería siguen siendo dádivas naturales. Los recursos energéticos también lo son y, desde una vacuna a un microprocesador de silicio, todo procede de una cultura que no sería posible sin nuestro complejo cerebro. La cultura es una adaptación biológica más, producto de la evolución. Por lo tanto, aunque el desafío a la naturaleza haya sido y seguirá siendo inevitable —somos muchos y continuamos consumiendo, polucionando el medioambiente y expandiéndonos por el territorio—, también formamos parte de una especie que tiene la capacidad de reflexionar y razonar. En resumidas cuentas, la única manera de afrontar las consecuencias a nuestras acciones es asumir que la evolución y la selección natural siguen ahí, con ello aprenderemos a comportarnos de forma más sostenible con el medio.

Las leyes de la naturaleza actuaron cuando, a partir del tronco ancestral de la vida, una gran rama empezó a crecer en dirección a la copa del árbol; también lo hicieron en el momento que, tras sucesivas ramificaciones, nos separamos de los grandes simios, y estaban ahí durante el proceso de adopción del bipedismo. Pero también actúan hoy y actuarán mañana. Como dicen los hadzabe del lago Eyasi respecto del pasado, presente y futuro: «Mañana será como hoy, y como lo fue ayer». La naturaleza proveerá.

Agradecimientos

En primer lugar, quiero agradecer a Carmen Esteban y Jaume Claret el haber apostado por este primate. A ellos debo el libro. Carmen, mi editora, me instó para que escribiese sobre el tema y, más tarde, aportó el título: *Dioses con pies de barro*. Jaume, además del privilegio que supone trabajar a su lado en la Universitat Oberta de Catalunya, jamás ha dejado de alentarme tanto en mi tarea docente como en la vertiente editorial.

El apoyo de mi pequeña pero querida familia ha sido constante, así como el de amigos y amigas; ya sabéis a quiénes me refiero. Han soportado, sin reproche alguno —todo lo contrario—, que me encerrase en casa para la redacción del manuscrito. Si ya tengo fama de esquivo y poco sociable, ahora tendré que resarcirles. Sobre todo, a mi hijo Joan y a mi otra familia: Carrasco-Casanovas (María, Carina y Marcos).

Gabi Martínez, con el que tengo el honor de compartir amistad y la codirección del proyecto Animales Invisibles, es fuente de inspiración desde hace muchos años. Tanto cuando vamos en busca de aquellas criaturas que, debido a la acción humana, están al borde de la extinción, como al leer sus extraordinarios libros y compartiendo interesantes tertulias. Y no puedo olvidarme de mi estimado Museo de Ciencias Naturales de Barcelona, ni de su extraordinario equipo humano; colaborar con ellos era un sueño de infancia, y se hizo realidad.

He escrito refiriéndome, muchas veces, a expediciones científicas y viajes por África, América, Asia, Oceanía y Europa. En todas ellas he conocido a gentes y pueblos extraordinarios sin los cuales habría sido imposible ampliar las miras de un arqueólogo y naturalista nómada cuyo despacho es el mundo. Mi admiración y respeto hacia ellas y ellos. Lo mismo que para los alumnos y alumnas con los que, día a día, sigo aprendiendo cuando cuelgo el sombrero y ejerzo de profesor en el aula.

Estoy en deuda con la editora Raquel Reguera y el resto de los profesionales de Crítica que han mimado la gestación del libro. Y, finalmente, el agradecimiento a la médico y gran amiga, doctora María Jesús Pinazo; no solo por las discusiones mantenidas sobre aspectos referidos a medicina internacional, sino por su intensa dedicación —junto a la de otros muchos anónimos y anónimas— durante la pandemia de la COVID-19. Trabajaron y lucharon para los demás, y lo siguen haciendo.

Índice